Gerhard Loettel

Die Erde ein Planet des Lebens?

Freni
Sigrid Hansen zum
85. Geburtstag, von

Gerhard Loettel

DD 17.05.20

© docupoint Verlag || Otto-von-Guericke-Allee 14 || 39179 Barleben

ISBN 978-3-86912-164-2

Autor	Gerhard Loettel
Titel	Die Erde ein Planet des Lebens?
Layout	Marco Borchardt
Umschlag	Marco Borchardt
Druck	docupoint GmbH, 2019

Gerhard Loettel

Die Erde
ein Planet des Lebens?

Greta Thunberg gewidmet für ihr Engagement
zur Bewahrung der menschenbewohnten Erde

Dieser einmalige Planet beherberge mit dem Menschen, „als dem beachtlichsten und außerordentlichsten aller Ereignisse im Weltall" eine unersetzliche Schöpfung. In der Tat ist ja im menschlichen Geist die Materie
so einzigartig beschaffen, dass sie sich selbst erkennen kann, dass sie in
der Lage ist, geistig-kulturelle Werte hervorzubringen, und selbst schöpferisch tätig zu sein vermag.

Milan Machovec[1]

---

1   So in „Sinn menschlicher Existenz", Tyrolia, Innsbruck 2004, S. 122

I. Die schön gewordene Natur der Schöpfung auf dem Planeten Erde

„Am Anfang schuf Gott Himmel und Erde. Und die Erde ließ aufgehen Gras und Kraut, das Samen bringt, ein jedes nach seiner Art, und Bäume, die da Früchte tragen, in denen ihr Same ist, ein jeder nach seiner Art. Und Gott sah, dass es gut war". Er sprach: Es wimmle das Wasser von lebendigem Getier, und Vögel sollen fliegen auf Erden unter der Feste des Himmels. Und Gott schuf große Seeungeheuer und alles Getier, das da lebt und webt, davon das Wasser wimmelt, ein jedes nach seiner Art, und alle gefiederten Vögel, einen jeden nach seiner Art. Er sprach: Seid fruchtbar und mehret euch und erfüllet das Wasser im Meer, und die Vögel sollen sich mehren auf Erden. Und Gott sah, dass es gut war. Er sprach: Die Erde bringe hervor lebendiges Getier, ein jedes nach seiner Art: Vieh, Gewürm und Tiere des Feldes, ein jedes nach seiner Art. Und es geschah so. Und Gott machte die Tiere des Feldes, ein jedes nach seiner Art, und das Vieh nach seiner Art und alles Gewürm des Erdbodens nach seiner Art. Und Gott sah, dass es gut war. Und Gott sprach: Lasset uns Menschen machen, ein Bild, das uns gleich sei, Und Gott schuf den Menschen zu seinem Bilde, zum Bilde Gottes schuf er ihn; und schuf sie als Mann und Frau. Und so ward der Mensch ein lebendiges Wesen. Und Gott der HERR machte aus Erde alle die Tiere auf dem Felde und alle die Vögel unter dem Himmel und brachte sie zu dem Menschen, dass er sähe, wie er sie nennte; denn wie der Mensch jedes Tier nennen würde, so sollte es heißen[2]. Und der Mensch gab einem jeden Vieh und Vogel unter dem Himmel und Tier auf dem Felde seinen Namen. So entstand eine Beziehung zwischen Natur und dem Menschen. Paul Gerhard dichtet darüber das Lied „Geh 'aus mein Herz...", worin es heißt:

> „Die unverdroßne Bienenschar!
> fliegt hin und her
> sucht hier und da
> ihr edle Honigspeise

---

2   Zitate aus Lutherbibel 1. Mose 1. 1 Bis 2.19

des süßen Weinstocks starker Saft
bringt täglich neue Stärk und Kraft
in seinem schwachen Reise,
in seinem schwachen Reise."

„Der Weizen wächset mit Gewalt
Darüber jauchzet Jung und Alt
Und rühmt die große Güte
des, der so überfließend liebt
Und mit so manchem Gut begabt
Das menschliche Gemüte,
das menschliche Gemüte."

Gott lässt prinzipiell seine Liebe überströmen, indem er immer wieder beginnt etwas zu schaffen, das gut, schön und vielfältig ist und zueinander passt. Da finden wir uns dann vor auf einer Erde, auf der es Gras und Kraut, Bäume mit Früchten und ein Gewimmel von lebendem Getier im Wasser und auf dem Lande gibt, dazu Vögel am Himmel. Der Mensch darf sich mit diesem Gewimmel vertraut machen und allen Mitgeschöpfen einen Namen geben. Das schafft Vertrauen aber auch Verantwortung. So wie in der Erzählung von Antoine de Saint Exupéry, „der kleine Prinz". Dort sagt der Fuchs zu dem kleinen Prinzen:" Du hast mich zum Freunde gemacht, jetzt bist Du aber auch für mich verantwortlich, ebenso wie für Deine Rose".

Und was können wir selbst erfahren? Blühende Wiesen, wundervolle Gärten mit üppig wachsenden Rosen und Dalien und wie sie alle heißen, die wir uns vertraut gemacht haben. Der Gärtner, die Gärtnerin weiß, dass sie nun für all diese Schönheit verantwortlich ist. Ja mehr noch, sie wissen, dass die Blüten und Blumen nicht nur für das Erfreuen unserer Herzen und Sinne da sind, und nicht nur für die beglückenden Stunden gemeinsamen Zusammenseins mit Freunden, sondern auch für die uns umgebenden Insekten, Bienen, Hummeln und Schmetterlinge. Sie alle erfreuen uns ebenfalls nicht nur mit ihrem Gesumms und ihrer Farbenpracht (Schmetterlinge) sondern sind auch äußerst nützlich für unser Wohlergehen, unsere Ernährungsgrundlagen und so für unser zu behütendes Leben jetzt und in der Zukunft. Darum hat Gott uns diese

Vielfalt schaffend geschenkt, dass sie so in der Lage ist, auf diesem Planeten Leben zu gestatten und zu erhalten.

Staunend stehen wir in den Gärten und blühen selbst innerlich auf, wenn wir diese Fülle betrachten. Ehrfurchtsvoll stehen wir beeindruckt im Wald mit seinen himmelhohen Bäumen, die uns mit ihren Stämmen, Wurzeln und Wipfeln eine Verbindung von Himmel und Erde zu sin scheinen. Verwundert nehmen wir das Werden und Vergehen und Wiederlebendigwerden vom Miteinander belebten Pflanzenwachstums zusammen mit Pilzen und Flechten, mit Moosen und Käfern, Schnecken, Kröten und Schmetterlingen war. Ein Leben und Lebenlassen, ein Sterben und Wiederauftauchen jeglichen Lebens.

Wie wunderbar bist Du belebte Erde, Gaia, in Deiner Vielfalt und Deinem Miteinander. Du erfreust es Menschen Auge durch die Blumen, die Rose mit ihren Farben von schneeigem weiß über Rosa, orange, bis zum tiefsten Rot. Und die Dalien mit ihren filigranen Blüten in allen Farbschattierungen. Aber selbst durch die einfachsten Feldblumen, die blaue Kornblume, den roten Klatschmohn, die gelben Löwenzahnblüten, die eine ganze Wiese gelb färben.

Du lässt des Menschen Auge verwundert die Farbenpracht der Schmetterlinge erblicken.

Du erfreust des Menschen Nase, seinen Geruchssinn, der von dem Duft der Rosen, des Jasmin, des Lavendel, den Blüten der Ligusterhecken u.a. verwöhnt wird.

Du betörst das Ohr des Menschen durch den Gesang der Amsel, der Nachtigall und der vielen anderen Singvögel, jegliche ihrer Art.

Du erfrischst das Leben des Menschen, wenn er durch taufrische Gras Deiner Wiesen gleiten darf.

Du, Gaia, hast eine Entwicklung zugelassen, die bei den Vögeln die Brutpflege eingebracht hat, ehe sie von den Säugetieren als Nachkommenpflege und -Unterweisung übernommen wurde. So entstand schon in der Tierwelt das Bemühen um gegenseitige Anteilahme und Hilfsbereitschaft, das sich im Menschen zum Altruismus entwickelte.

Doch selbst schon bei den Pflanzen gibt es ja gegenseitige Beziehungen mit dem Ziel und Zweck sich gegenseitig auf Gefahren aufmerksam zu machen. Dies geschieht entweder durch stoffliche Beeinflussung über die Wurzeln, oder durch Duftstoffüberragungssignale im Bereich der Blätter.

Aber nicht nur innerhalb einer Spezies hast Du das helfende Miteinander „sich entwickeln lassen", nein, auch zwischen den Spezies gibt es neben dem Fressen und Gefressenwerden auch schon die lebenserhaltende Mithilfe. Den Insekten gabst Du Aufgabe für die geschlechtliche Vermehrung vieler Blütenpflanzen zu sorgen. Die Blütenpflanzen danken es den Insekten dafür, indem sie Nektar aber auch sogar Pollen im Übermaß - über das für die Vermehrung notwendige Maß hinaus – produzieren. Dieser kohlehydratreiche Nektar und die eiweißhaltigen Pollen sind nun in der Lage die Insekten und ihre Nachkommen zu ernähren. Ein sinnvolles und auf Gegenseitigkeit abgestimmtes Miteinander.

II. Die schön gewordene Kultur in der Schöpfung auf dem Planeten Erde

Und diese so gewordene Natur der Schöpfung, mit gegenseitiger Hilfestellung im Lebensprozess wuchs noch über sich hinaus, um auch noch die negativen Momente der Entwicklung hin zum Leben zu überwinden. Sie vermochte es, aus der Spezies der Säugetiere, der Hominiden erst den homo erectus, den homo neandertalensis und zuletzt den homo sapiens sapiens hervorzubringen. Gott unser Schöpfer: „Was ist der Mensch, dass du seiner gedenkst, und des Menschen Kind, dass du dich seiner annimmst? Du hast ihn wenig niedriger gemacht als Gott, mit Ehre und Herrlichkeit hast du ihn gekrönt. (Psalm 8). Die Engel im Himmel mögen gejauchzt haben, als sie dieses Entwicklungsergebnis von Gottes Schöpfergeist bemerkten. Nun mag es wohl „geschehen" sein, dass die Engel noch vor Johann Wolfgang von Goethe jubilierten: „Edel sei der Mensch, hilfreich und gut! Denn das allein unterscheidet ihn von allen Wesen, die wir kennen." Und im ersten Aufkeimen menschlicher Ahnung vom Urgrund des Lebens könnten erste Poeten der Menschheit früher noch als Johann Wolfgang von Goethe mehr gespürt als gesprochen haben: „Heil den unbekannten höheren Wesen, die wir ahnen! Ihnen gleiche der Mensch! Sein Beispiel lehr' uns jene glauben."

Und aus diesem Ahnen, Erfahren und den Sehnsüchten heraus begann der Homo sapiens nun Kultur zu entwickeln. Kultur, die über das Miteinander - aber auch des Notvollen - in der Natur hinausreichen sollte.

Der Mensch erfand die Sprache, um sich dem anderen mitzuteilen; danach noch die Schrift, die dafür sorgte, dass die Mitteilung über größere räumliche und zeitliche Entfernung glückte. Zur Freude der Mitglieder der Menschen untereinander sorgte die kulturelle Entwicklung für die Hervorbringung der Künste Musik und Tanz. Beide bereits bei den Balzereignissen im Tierreich vorangelegt und nun beim Menschen zu kulturellen Höhen entwickelt. Zur Freude des Ansehens und aber wohl auch als ein Jagdzauber gedacht „erfand" die Kultur die Zeichnung und die Malerei. Diese Kunstübungen wurden zugleich Mittel, um gewisse Erfahrungen und Erkenntnisse in der nun auch menschlichen Umwelt, den nächsten Generationen weiterzugeben. Schließlich veränderte und erweiterte sich diese optische Erkenntnisweitergabe zur Formsprache der Schrift. Nicht nur Erkenntnisse wurden mit dieser Mitteilungsform über Generationen und Räumlichkeiten weitergegeben, sondern auch ganz zweckfreie Kunsterzeugnisse waren nun möglich. Es war die Geburtsstunde der Poesie und Lyrik, Gedichte, Erzählungen und Dramen waren „geboren". Der Mensch war erwacht zu einer Spezies, die Kunst kannte, Musik, Tanz, Malerei und Dichtung. Die Dichtung – und wohl auch Tanz und Musik – ergaben die Möglichkeit, sich der Erfahrung des „Numinosen" zuzuwenden, welches sich dem Menschen in der Natur und im Schöpfergeist, der Schöpferkraft und dem Sehnsuchtsvollen im Geist des Menschen zu entfalten begann.

Siehe darüber auch in „Der Mensch im globalen Ökosystem"; dort in dem Kapitel „Von er biologischen zur kulturellen Evolution und die Zunahme der menschlichen Macht" .Seite 96ff.[3]

Aber nun konnten sich die Menschen auch ihre Emotionen (Liebe, Trauer, schmerz, Angst, Hoffnung) mithilfe der Kunst mitteilen. Der Mythos und die Vorformen des Religiösen war ins Leben der Menschen „eingetreten". Nun entfalteten sich zunehmend größere geistige und materielle Kultur- und Kunstformen. Religionen und Philosophien tauchten auf, architektonische Gebäude entstanden. Tempel, Türme und Pyramiden wurden als heilige Anbetungsstätten, als Gebet in Stein, erbaut. Brücken, Wege, Straßen und Aquädukte sorgten für die materiell bessere Versorgung der Menschen. Zu gleicher Zeit war aber schon

---

3   Im oekom- Verlag, München 2018 von Ibisch, Molitor, Conrad, Walk, Mihotovic und Geyer

der Ackerbau und die Viehzucht „erfunden" worden. Die Sorge um die Ernährung des Menschen durch die Jagd und das einfache Einsammeln von Früchten der Natur wurde so verändert und machte den Menschen sesshaft. Erst die Sesshaftigkeit ermöglichte ihm die oben genannten Kunstobjekte und -Ausübungen. Die Schrift – auch die Notenschrift – ermöglichten dann das Aufblühen von Künsten wie größere Dichtungen und Musikwerken. Homer, Shakespeare, Goethe, Schiller, Bach, Beethoven und Mozart bescherten der Menschheit eine Fülle von kulturellen Höchstleistungen. Bei den Völkern des Vorderen Orients entwickelte sich die Anbetung des Numinosen zu Hochreligionen, in Ägypten zu den Pharaonenkulten mit Anbetung des Echnaton und der Sonne als einzig anzubetende Gotteskraft. Die dort als Sklaven lebenden Hebräer destillierten aus dieser „Ein-Gott-Vorstellung" ihr Gottesbild von Jahwe, dem Schöpfer und Erhalter der Welt, sie wurden dadurch und durch ihren jahrzehntelangen Auszug aus den versklavenden Zuständen zum Volk Gottes, zu Israeliten. Die Israeliten schufen ein Schriftwerk, das später den Namen Bibel, eigentlich „das Buch" erhielt. Diese Bibel nun wanderte – manchmal mit ihren Schöpfern, den vertriebenen Juden, in die weite Welt hinaus. Und innerhalb des Kultraumes im vorderen Orient, in Palästina trat dann ein bemerkens- und bewundernswerter Mann auf, der später als religiöse Erhöhung, den Beinamen „Gottessohn" und auch Messias, grch. Christos oder lateinisch Christus erhielt.

4

---

4   Nach einem Bildnis des Prager Malers Miloš Kurovsky: „Seht diese wissenden Augen"

Über die Lebensgeschehnisse dieses Mannes Jesus von Nazareth, über seine Unterweisung und sein davon abgeleitetes eigenes Lebensmodell trat etwas Neues in die Kulturwelt des Menschen ein. Dieser Jesu brachte das schon in der Pflanzen- und Tierwelt anfänglich zu beobachtende Miteinander zum Wohle des anderen auf den Punkt, dass es Liebe, Fürsorge und Dienst des Menschen am anderen Menschen, dem Nächsten (wie er das nannte) gäbe und zu geben habe. Damit solle das oft beschwerliche Leben des Einzelnen erleichtert und verschönt werden, oder oft sogar erst wirklich lebenswert. Jesus schöpft aus dem ihm vorliegenden Schriftgut des Alten Testamentes, wo es heißt: „Ihr sollt Witwen und Waisen nicht bedrücken." (2.Mose 22,21). Und: „schafft Recht den Waisen und Witwen und habt die Fremdlinge lieb, dass ihr ihnen Speise und Kleider gebt" (5. Mose 10,18). Jesus nun sagte es so: „Gott, der Vater, wird auf die rechte Art geehrt, wenn jemand den Waisen und Witwen in ihrer Not beisteht und sich nicht an dem ungerechten Treiben dieser Welt beteiligt."(Jak.1,27). Jesus, der diese Lebenshaltung vorlebte und sie seinen Mitmenschen durch Parabeln nahebrachte, wurde aber dann doch durch das „ungerechte Treiben dieser Welt" hingerichtet. Das Wunderbare, das sich dann und damit aber auch über die Welt verbreitete, geschah so, dass dieses (An)Gebot der Liebe und des Liebeüben nach Jesu Hinrichtung nun nicht mehr aus der Welt zu verbannen war. Die Liebe und das Liebenkönnen/Liebenmüssen überlebte und seine Mitstreiter (Jünger) bekannten das als die „Auferstehung" des Jesus, den sie bald den Christus nannten. Die Liebe war so zu heiligen, göttlichen Ehren erhoben worden und besiegte die Vorstellungen von gottgegebenen Kriegen, Kämpfen und todbringenden Streitigkeiten unter Menschen und Völkern. Warum aber knüpfen wir die Friedenssehnsucht und Friedensliebe an diesen in der christlichen Religion geehrten Jesus, den Christus? Drauf gibt uns der kirgisische Dichter Tschingis Aitmatow eine Antwort: „Dass jemand für eine Idee gekreuzigt und dass dieser dann den Menschen verziehen hätte – so einen gibt es im Islam nicht." „Christus ist Gemeingut der ganzen Menschheit, die Geschichte kennt keine vergleichbare Gestalt".

Aitmatow fragt sich warum er vom Geist Jesu Christi, dem Geist der Versöhnung, nicht los kommt. „Warum veraltet dann aber das Wort Jesu nicht und verliert nicht an Kraft?"

Somit ist für Tschingis Aitmatow die christliche Botschaft ein Appell zur Nachahmung Jesu, d.h. sich mit Liebe und Güte dem Menschen und der Kreatur zuzuwenden: „Christus ist mir der Anlass, dem heutigen Menschen etwas Wesentliches zu sagen, daher taucht diese Gestalt in meinen künstlerischen Überlegungen auf."

Ein Neues war in die kulturelle Welt des Menschen eingetreten. Der Friede war geboren worden. „Friede auf Erden und den Menschen ein Wohlgefallen" wurde dann postuliert als schon bei und ab der Geburt dieses Gottesmenschen Jesus. Engel, die Verkünder und Boten des unsichtbaren Gottes sollen es gejubelt und verkündet haben. Jedenfalls wann auch immer - schon zu Beginn des Lebens Jesu oder infolge seiner Lebenshaltung und seinen Erzählungen - der Segen des „Friedens" als eines Haupterfordernisses für geglückte und lebenserhaltende menschliche Kultur war in dem Bewusstsein und in dem Sehnen und dem Danachhandeln der Menschheit angekommen. Nun war eigentlich der Weg frei, dass die Menschheit einen kräftigen Aufstieg in eine sichere und gerechte kulturelle Menschheit zu vollbringen in der Lage sein müsste. Alle Errungenschaften der jahrhundertelangen kulturellen Entwicklung in Dichtkunst, Philosophie, Religion, Baukunst, bildende Kunst, Tanz und Musik und die Errungenschaften einer ausreihenden lebensnotwendigen Ernährung in gerechter Verteilung sollten/könnten nun allen Menschen dieser Erde zukommen. Zur gleichgewichtigen Ausformung der (ökologischen) Natur war nun die Möglichkeit einer gerechten und lebensverschönernden Kultur getreten. Dieser Mann aus Nazareth wusste wohl um die genetische und psychische Grundausstattung des Menschen und er baute darauf seine Botschaft von der Möglichkeit der Gestaltung einer friedlichen und gerechten Gesellschaftsordnung auf, die er „Reich Gottes" nannte. Also ruft er uns zu: „Ihr könnt Frieden machen!" Und die Hoffnung auf diese Friedensentwicklung wird u.a. in dem Lied besungen: „Freunde, dass der Mandelzweig":

„Freunde, dass der Mandelzweig
Wieder blüht und treibt,
Ist das nicht ein Fingerzeig,
dass die Liebe bleibt?

14

Dass das Leben nicht verging,
Soviel Blut auch schreit,
Achtet dieses nicht gering,
In der trübsten Zeit.

Tausende zerstampft der Krieg,
Eine Welt vergeht.
Doch des Lebens Blütensieg
Leicht im Winde weht.

Freunde, dass der Mandelzweig
Wieder blüht und treibt,
Ist das nicht ein Fingerzeig,
dass die Liebe bleibt?"

Der Text von dem großen Theologen Shalom benchorin wird in beeindruckender Weise von dem genialen Musiker Fritz Baltruweit zu einem kleinen Kunstwerk gestaltet. Wir haben dies Lied schon vor 30 Jahren gesungen. Seine Aktualität hat es behalten und wird es behalten, so lange noch Krieg die Völker erschüttert und vernichtet.
Aber wir können gewiss sein, dass das es ein Fingerzeig ist, dass die Liebe bleibt?
Schauen wir uns das im nächsten Kapitel an.

III. Wie können wir Frieden machen? „Wir sind Frieden!"

In der Natur der Schöpfung ist die Vielfalt der Individuen die Basis von Schönheit in Eintracht und Frieden. Machen wir es der Natur nach!

1. Friedensaktivität

Wie Frieden nicht geht?! Zunächst dazu eine kritische Selbstbetrachtung. Viele von uns – ich selbst eingeschlossen – glauben doch, dass es unbedingt vordringlich nötig sei, den Krieg und militärische Handlungen zur Konfliktlösung zu „bekämpfen". Schon aber die Parallele von Krieg und „bekämpfen müssen", zeigt, dass (die) Gewalt, die zum Kriege führt, sogar Gewaltphantasien auf der Kriegsgegnerseite (unsere) hervorruft. Daher müssen wir registrieren und bedenken, dass unser „Kampf" gegen den Krieg, dort bei den Kriegsbereiten eher die Reaktion hervorruft, sich verteidigen zu müssen und ihre eigenen Position eher zu stärken, als sie zu mildern oder abzuschaffen. So machen wir zum Beispiel das kapitalistische Wirtschafts- und Gesellschaftsmodell dafür verantwortlich, gewaltträchtige Konfliktlösungen (Krieg) zu bevorzugen, um damit Vorteile bei der Ressourcenbeschaffung, der Gewinnung von Arbeitskräften und Märkten sowie Halden für unsere Müllentsorgung zu bekommen. Um aber wegen unserer kritischen Gegnerschaft nicht in Zustände zu geraten, die wirtschaftliche Prosperität, sprich den Profit und die Rendite, zu verlieren, werden sich Vertreter der Wirtschaft und Teile der Politik scharf dagegen wenden, Krieg und gewaltreiche Konfliktlösungen mit kapitalistischer Wirtschaft zu verbinden. Unser „Kampf" verstärkt also so sogar noch die Position von „Kriegsbereiten" und lässt sie über „Begründungen" nachdenken, um unsere Gegenposition abzuschwächen oder zu entwerten. Dem „Kampf" als Mittel für die Förderung von Frieden und gewaltfreien Konfliktlösungen müssen wir daher ein anderes Mittel, und andere Methoden entgegensetzen.

2. Glücksregeln für eine verunsicherte Welt

Es scheint also erforderlich zu sein, statt gegen den Krieg zu „kämpfen" erfolgreicher für den „Frieden zu werben" und aufzuklären, dass wir Frieden erhalten und uns aneignen können. Zu dieser Einsicht hat mich nicht zuletzt das Buch vom Dalai Lama und dem Psychiater Howard C. Cutler „Glücksregeln für eine verunsicherte Welt"[5] geführt. Und ich werde hier diese dort gewonnenen Einsichten zusammenfassend erörtern und beurteilen. Dieser in der Überschrift grammatikalisch undeutsche Slogan „Wir sind Frieden" soll ankünden und vorwegnehmen, dass wir von der Evolution her gesehen durchaus in der Lage und ausgestattet sind, Frieden untereinander und in der Welt zu halten und dieses Friedensengagement auch leisten zu können. So wie es Jesus von Nazareth „wusste".

Was nun aber autorisiert und empfiehlt sich, uns so anzunehmen, dass ein verstärktes Eintreten für friedliche Lösungen in Konfliktfällen

---

5   Herder 2011

die Aussicht hat, gewaltfreie Ergebnisse in Richtung Frieden zu finden? Da ist einmal die Negativ-Erkenntnis, dass bisher alle die kriegerischen Konfliktlösungsversuche keinen wirklichen Frieden in der Welt erbracht haben. Das bezieht sich sowohl auf die bekriegten Gebiete selbst, in denen die staatliche und gesellschaftliche Ordnung völlig zusammenbrach und bürgerkriegsähnliche Zustände hinterließ, in der keine wirtschaftlichen und zivilrechtlichen Zustände mehr aufrechtzuerhalten waren. Daneben aber haben solche Kriege außerdem die weltpolitische Ordnung völlig destabilisiert und ein globales Desaster hinterlassen.

Nun aber die andere Option. Bemühungen um gewaltfreie sowie diplomatische Konfliktbereinigungsmethoden soll(t)en die kriegerischen Lösungsansätze positiver gestalten? Von welchen Prämissen geht man da aus und welche Ansätze sind dazu zu verfolgen?

Es sind mehrere Prämissen, von denen man ausgehen kann/muss. Da ist zum ersten der Augenmerk auf „realistische Ansätze" zu legen. Realistische Ansätze heißt, man muss zu vermeiden versuchen, das anstehende Konfliktproblem unter dem Vorzeichen von Ressentiments, Populismus, Patriotismus, Nationalismus, Vorurteilen, Befangenheiten und einer politischen, religiösen oder rassistischen Parteilichkeit zu betrachten. Beim realistischen Ansatz ist nicht nur gefordert, sich frei zu halten von solchen Voreinstellungen gegenüber dem Konfliktpartner, sondern auch gehalten, die Problematik in einer größeren räumlichen und zeitlichen Perspektive realistisch zu betrachten. Mein Freund Milan Machovec aus Prag nannte das, den „langen geschichtlichen Atem" zu haben. Freilich kann auch der lange geschichtliche Atem Konfliktpotential in sich bergen. So werden Ungerechtigkeiten, Verunglimpfungen, kulturpolitische, religiöse und auf Siegermentalität beruhende Demütigungen oft in Völkern über Jahrhunderte im Geist/Gemüt der Menschen dort „bewahrt" und geben Anlass zu Hass, Abneigung und Feindseligkeiten, die sich zu Gewaltkonflikten[6] aufschaukeln können. Da liegt es nun am „realistischen" Blick der Konfliktpartner - gegen die sich solche aufgeladenen Gewaltkonfliktsituationen richten - d.h. solche „uralten" Spannungen zu registrieren, anzuerkennen und dadurch einvernehmlich zum Ausgleich beizutragen. Der „realistische Ansatz" muss weiterhin bedenken,

---

6   Susan Sonntag soll nach den Angriffen am 9.11.201 auf die Twin Towers im Weiterdenken der Frage von G.W. Bush selbst gefragt haben: „Ja, warum hassen sie uns eigentlich so?"

welche Auswirkungen im geopolitischen, globalen, regionalen, wirtschaftlichen und ökologischen Komplex ein Krieg hat/hätte bzw. welche Vorteile würde dagegen eine diplomatische und gewaltfreie Lösung bringen. Würde es Sinn machen, wenn die Sieger in einem kriegerisch ausgetragenen Konfliktfall wirtschaftliche und ökologische Folgen in Kauf zu nehmen hätten, die sich innerstaatlich, regional und global zu Instabilitäten aufschaukelten? Solche Instabilitäten und Chaoszustände könnten zivilisatorische und kulturelle Sicherheiten völlig zusammenbrechen lassen.

Zu diesen raumzeitlichen Perspektiven kommt jetzt noch eine zeitliche Perspektive hinzu. Wenn wir heute davon ausgehen, dass unsere gegenwärtige Energieversorgung nur in der konservativen Variante von fossilatomar akzeptiert und hingenommen wird, so spitzt sich die Kriegsgefahr dadurch zu, dass die Ressourcen der fossilen Energieträger und auch der Uranvorräte auf der endlichen Erde absehbar einmal zu Ende gehen und es ein Wettlauf der Nationen um die letzten Ressourcen dieser Art geben wird. Dieser Wettlauf wird aber mit Sicherheit in kriegerische Auseinandersetzungen vor sich gehen. Erst wenn wir die zeitliche Perspektive berücksichtigen, dass - bei Akzeptanz des drohenden Klimawandels die Nationen ohnehin auf CO_2-neutrale nachhaltige Energiebereitstellung umrüsten müssen, kann das Rennen um die letzten fossilen und radioaktiven Energieressourcen unterbleiben und die Kriege um Energie können vermieden werden. Das ist ein „realistischer Ansatz" einer zeitlichen Perspektive, die sich an notwendige Begebenheiten des ökologischen Erfordernisses anschließt. Diese realistische Perspektive vermeidet den nationalegoistischen Durchsetzungswillen wie „Amerika first", „EU first", oder aber auch „Arabien first" unter Leugnung der wissenschaftlich realen Erkenntnis vom menschengemachten Klimawandel. Und solche Perspektivlosigkeit kann unweigerlich nur in Kriegen enden.

Und nun überprüfe ich, wie man sogar ethische Aspekte unter „realen Ansätzen" sehen und sich zunutze machen kann. Nehmen wir das Todschlagargument des militärisch-industriellen Komplexes; wenn man die Rüstungsindustrie nicht „gesunden"[7] lassen würde und ihnen Aufträge erteil(t)e, dann würden sehr viele Arbeitsplätze verloren gehen. Doch denken wir einmal perspektivisch real. Die Rettung solcher Arbeits-

---

7   O-Ton der Frau Verteidigungsministerin v.d. Leyen

plätze im militärisch-industriellen Komplex erfordert letztendlich den Tod/das elende Sterben unserer jungen Soldaten*Innen. Es geht also um Tod unserer Jugend gegen Arbeitsplätze. Selbst ein Arbeitnehmer, vor die Alternative gestellt, er darf/dürfe einen Arbeitsplatz behalten, muss/müsse aber zulassen, dass sein Sohn/seine Tochter in den Krieg geschickt wird mit der Aussicht dort getötet zu werden. Er wird sich wohl vielfach nicht für den Arbeitsplatz entscheiden. Und wie kommen wir aus diesem Dilemma heraus? Der „realistische Ansatz" sieht eine Perspektive darin, dass rechtzeitig der militärisch-industrielle Komplex konvertiert werden sollte. Im Einzelnen heißt das, das dort keine Waffen (am wenigsten Angriffswaffen) mehr hergestellt werden, sondern notwenige hochtechnische Hilfsmittel für die in allen Kriegsgebieten anstehenden Aufgaben der Kriegsmittelbeseitigung (Minenräumgeräte aller Art) und der Regenerierung der verseuchten Ackerböden für den Nahrungsmittelanbau. Hinzu kommen Geräte für die so sehr vernachlässigten Aufgaben der Trinkwasserversorgung in Entwicklungsländern. Alles Geräte, die von Organisationen wie dem technischen Hilfswerk (THW), dem Roten Kreuz, oder den Verbänden wie „Malteser" oder „Johanniter" dringend benötigt werden. Also Arbeitsplätze im militärisch-industriellen Komplex bitte für Bereinigung von Kriegsschäden, die gerade vom militärisch-industriellen Komplex verursacht worden sind. Das ist alles ein „realistischer Ansatz". Doch worauf bauen wir (und der Mann aus Nazareth) auf, wenn wir an die Grundausstattung denken?

3. Unsere psychischen Grundausstattung

Nun stellt sich die Frage, sind wir Menschen denn überhaupt mit unseren Charaktereigenschaften und unserer psychischen Grundausstattung in der Lage, solche „realen Ansätze" mit friedliebenden und friedenerhaltenden Perspektiven und Haltungen aus- und herbeizuführen?

Da ergeben sich sowohl aus dem Fundus der menschenfreundlichsten Uraussagen fast aller Hochreligionen und einiger indigener Religionen als auch aus der anthropologischen Forschung Merkmale von Wesenseigenschaften des Menschen, die auf Folgendes hindeuten. Der Mensch ist/sei demnach ausgestattet mit Empathie, mit Menschenfreundlichkeit, mit Nächstenliebe, Altruismus, Mitgefühl, Optimismus und Hoffnung auf gutgelingende Zukunft. All diese Wesenseigenschaften haben sich wohl schon vor der Menschwerdung zum Homo sapiens herausgebildet, als Vögel und Säugetiere entwicklungsgeschichtlich gesehen begannen, Brutpflege, Jungenaufzucht, Belehrung der Nachkommen über ihre Lebensgestaltung, kurz Sorge um die Nachkommenschaft in ihr Lebenskonzept einzubauen. Reptilien kennen keine solche Nächstenliebe, Sie legen ihre Eier ab und die Jungen müssen selbst sehen wie sie ohne Beistand am Leben bleiben. Das Reptil ist sich nur selbst verpflichtet: „Ego first" und zwar „jetzt und hier".

Aber kurz gesagt der Mensch hat von seinen Vorfahren die Nächstenliebe (zunächst für die Nachkommenschaft) genetisch vererbt bekommen und ist so von Haus aus gut, dem Wahren und Schönen zugewandt. Wenn man darauf in der Friedensforschung und Friedensgestaltung aufbaut, ergeben sich höchst wirkungsvolle Konstellationen, wie man anstelle von gewaltträchtigen Konfliktlösungen, gewaltfreie Konfliktlösungsmodelle und Handhabungen erlangen kann.

Auf der Basis und der Heranziehung von solchen Wesenseigenschaften des Menschen ist es erst einmal erlaubt, geboten und erforderlich, davon auszugehen, dass uns als Menschen alle zusammen und ohne Ausnahme das gemeinsame Menschliche verbindet. Es gibt schlicht keine die Gemeinschaft aller Menschen ausschließenden Unterschiede zwischen den Individuen und Gruppen aller Menschen – Völker, Kulturen, Religionen, das Aussehen und das psychosoziale Verhalten eingeschlossen. Menschen verbindet alle zusammen in erster Linie einmal das Menschliche. Alle Menschen möchten glücklich und leidfrei leben, Schmerz und Not vermeiden und Gemeinschaft in Familie, Gruppe, Nation, Religion und Kultur haben. Die Unterschiede in diesen Gemeinschaftsentwürfen sind weniger trennend als die Gemeinsamkeiten in Bezug auf das rein Menschliche. Jeder Mensch blutet, wenn er verletzt wird, er trauert, wenn er einen lieben Menschen verloren hat. Er verliebt sich in einen anderen, mit dem er sich wesensverwandt fühlt usw. Das allein schon ist die Basis für den Frieden der Menschen untereinander auf diesem Globus. „Wir sind Frieden!"

Und darauf können wir in unserem Bemühen um Frieden auf der Welt aufbauen, müssen wir aufbauen.

4. Reale Ansätze mit Perspektive für Frieden

Wenden wir nun diese Einsichten auf unser Bemühen um „Friede auf Erden und en Menschen ein Wohlgefallen" so an, dass daraus ein „realer Ansatz mit Perspektive für diesen Frieden wird, so folgen daraus die nachkommenden Denk- und Handlungsmuster.

5. Die Empathie und das Mitgefühl

In der Friedensarbeit wird es von vornherein nötig sein, im Konfliktfall gegenüber einem Gegner sich erst einmal in den „Anderen" einzufühlen, ihm Empathie entgegenzubringen. Was fühlt, denkt, empfindet der andere im Falle, dass es Probleme zwischen „uns" gibt? Und diese Empathie führt uns ganz automatisch zu Mitgefühl. „Genau wie uns selbst, so möchten auch alle anderen Glück erlangen und Leiden überwinden und wir haben alle das gleiche Recht darauf"[8]. Wann/wenn wir diese Empathie und ein enge Verbundenheit auf Grund unserer gemeinsamen Menschlichkeit zulassen, dann werden wir „dazu in der Lage sein, uns aus einem Gefühl der Warmherzigkeit mühelos und spontan um das Wohlergehen der anderen zu sorgen". „Mitgefühl ist die höchste Quelle des Erfolgs in unserem Leben".

Der Dalai Lama ist überzeugt, „dass der Schlüssel zu einer glücklicheren und erfolgreicheren Welt in der Entwicklung und Kultivierung von Mitgefühl liegt" – „eine Überlebensnotwendigkeit für die ganze Menschheit", die „mit ganz praktischem Nutzen und (auch) gut für unsere körperliche und geistige Gesundheit sei". Das ist wohl schon einer der Gründe – wir werden noch auf weitere stoßen - warum es notwendig, folgerichtig und nützlich ist, in der Friedensfrage von der Sicherheitslogik zur gewaltfreien Friedenslogik überzugehen, denn die Empathie und das Mitgefühl dienen nun nicht nur dem äußeren Frieden mit dem Gegner, sondern sogar unserem eigenen persönlichen und gesellschaftlichen Wohlergehen.

Auch „helfen macht glücklich" – so berichtet Norbert Blüm[9]: „Die

---

8   Dalai Lama, Howard C. Cutler Glücksregeln für eine verunsicherte Welt, hier S. 365ff
9   Im Buch Aufschrei, S. 49

Tausenden von Helfern, die spontan den Zigtausenden von Flüchtlingen zur Seite sprangen, als die wie eine menschliche Flut Deutschland erreichten, machten einen entschieden glücklicheren Eindruck als die Abgasbetrüger in Wolfsburg oder die Libor-Manipulateure der Deutschen Bank in Frankfurt und die Fußballschieber der FIFA in Zürich."

„Deutschlands Ansehen wurde durch Angela Merkels Flüchtlingspolitik der Hilfsbereitschaft mehr gestärkt als durch alles, was wir mit viel Geld in der europäischen Finanzpolitik geliefert haben..." Den Eindruck von Blüm kann ich nur persönlich bestätigen, weil ich im Herbst 2015 mit meiner Frau zusammen auf dem Münchner Hauptbahnhof tatsächlich diese Hilfsbereitschaft von Bürger, Polizisten und schon eingebürgerten Migranten (als Übersetzer) erlebte. Diese glücklich geprägte Stimmung übertrug sich dann auch auf die neuen Migranten mit ihren kleinen Kindern. Sie wirkten zufrieden und willkommen geheißen.

Weiterhin stellt N. Blüm im o.g. Buch fest: „Mitleid ist eine spezifisch menschliche Begabung. .... Mitleid ist die gefühlsmäßige Vorschule des Erbarmens. In das Erbarmen fließen unsere tiefsten humanen Überzeugungen ein. Die Kultur des Erbarmens veredelt die menschliche Natur.... Erbarmen drängt zum Handeln. Erbarmen steht im Dienste der Vernunft. ...Erbarmen (steht) immer im Dienst des guten Lebens, an dem auch die Schwächeren und sogar die Versager teilnehmen sollen. ... Gefühl, Mitleid, Erbarmen sind ein Dreisprung der Humanität!"

Also ergibt sich eine Weg- und Zielvorstellung nach folgender Aufgabenstellung:
1. Wahrnehmung unserer gemeinsamen Menschlichkeit
2. Daraus Gewinnung für jedes menschliche Wesen Empathie zu entwickeln,
3. Diese Empathie kann zum Ursprung für Mitgefühl werden
4. Auf dieser Grundlage können wir die Probleme unserer Welt so lösen, dass wir zu einer glücklicheren Gesellschaft und einer friedlicheren Welt finden.
5. Wir sind doch alle in erster Linie Menschen mit gleichen Gefühlen

Da habe ich auf dem Studientag des Forums Friedensethik, der Badischen Landeskirche einen aufmunternden Beitrag gehört. Ein junger

16-jähriger Syrer, der seine Heimatstadt Aleppo aufgrund der Kriegs-
wirren verlassen musste, sprach zu uns – obwohl er vermutlich sowohl
unter der Herrschaft von Assad als auch des IS zu leiden hatte - wir
sollten doch in unseren Friedensbemühungen nicht so sehr von den uns
trennenden Tatsachen ausgehen, sondern viel mehr vom den uns alle
verbindenden allen Menschen gemeinsamen menschlichen Regungen,
Gefühlen und Wünschen. Alle wollen wir doch Frieden, Glück, Ruhe und
keine Leiden. Doch schon auf der kleinsten organischen Eben sind wir
doch alle eins. „Eine Zelle ist eine Zelle und die funktioniert bei einem
Chinesen genauso wie bei einem Japaner oder Finnen".[10] Ein Sechzehn-
jähriger!, er sollte uns zum Vorbild dienen. Der Dalai Lama verbindet
diese Haltung und Sicht des Allmenschlichen mit dem Gefühl des Optimismus. „Optimismus bedeutet nicht, dass wir blind sind und die tatsächlichen Realität der Situation nicht sehen,... vielmehr, dass wir uns
stets eine positive Haltung bewahren, sodass wir motiviert bleiben, für
jedes Problem eine Lösung zu finden."[11] „Wir müssen also daran arbeiten, die vielen Probleme der heutigen Welt zu überwinden,... die Dinge
so gut es geht zu verändern, auch wenn es nur ganz kleine Schritte
sind... unter denen die Menschen glücklich werden können ... und das
ist unsere Verantwortung."[12] Und um auf den Einfluss von Angst bei
diesen Problemen zurückzukommen sagt er: „Ich denke dass persön-
licher Kontakt ein weiterer wichtiger Faktor bei solchen Problemen ist,
beispielsweise wenn wir es mit menschlicher Gewalt zu tun haben."[13]
Also Abbau von Angst und daraus resultierender Gewalt bei der Lösung
von Konflikten kann gelingen, wenn wir uns optimistisch und realistisch
vergegenwärtigen, dass wir als Menschen in fast allem gleich geschaffen
sind und damit fähig zu gewaltfreien Konfliktlösungen. Mit anderen
Worten „Wir können Frieden machen" oder im verballhornten Deutsch
"Wir sind Frieden", wir sind zum Frieden fähig, sowohl genetisch als

---

10   Lesch, Schwartz, "Reden über Gott und die Welt", München 2018
11   a.a.O. (Fußnote 4) S. 271
12   a.a.O. S. 235
13   a.a. O. S. 345

auch von unsrer evolutionären Entwicklung[14] her. Viel mehr als in Auseinandersetzungen haben sich unsere urzeitlichen Vorfahren schon in der Jäger- und Sammlerzeit bemühen müssen um Kooperation, d.h. um überhaupt zu überleben. Wenn die Differenzen und die Auseinandersetzungen in ihrem sozialen Gefüge überwogen hätten, wäre der homo sapiens sapiens längst ausgestorben. Nein, beginnend bei den Familienverbänden und über den Clan bis hin zu Nationen erweiterte sich das Bestreben durch Kooperation und altruistische Lebenshaltungen das Leben des Menschen in sozial fungierende Zivilisationen zu überführen und so zu Kulturen und verfeinerten Lebensformen weiterzuentwickeln. Merkwürdiger- und unglücklicherweise endete meist auf der Stufe der Nation die weitere Kooperation bei unierten Nationalverbänden[15]. Ich vermute einmal, dass da die Sprachbarriere eine Rolle spielte. Im antiken Griechenland waren die „Barbaren", (griech. barbaros, Pl. barbaroi) alle diejenigen, die nicht (oder schlecht) griechisch und damit unverständlich sprachen (wörtlich also: Stammler, Stotterer, eigentlich: br-br-Sager). Und auch das tschechische Wort für Ausländer, speziell die deutsch sprechenden, nämlich der „nemec" (ne= nicht und nẽmy = still, stumm) war ursprünglich ein Mensch, der sich für die tschechischen Vorfahren unverständlich ausdrückte, der für „stumm" gehalten wurde. Wie kann man aber mit jemand kooperieren, den man für stumm hält? Da fehlt dann das Einfühlvermögen, die Empathie kann sich nicht entwickeln. Das wäre schon ein Beispiel für die Respektierung eines realistischen Ansatzes in der Friedensforschung und für ein friedenslogisches Szenario: „Lernen wir die Sprache der „Anderen", damit wir Beziehungen und Emotionen zueinander aufbauen können!" Vielleicht ist das der Grund, dass Menschen im Osten aus dem Gebiet der ehemaligen DDR – wo Russisch Pflichtfach war – ein freundlicheres Verhältnis zu den Russen hatten/haben, als die Westdeutschen und die Westeuropäer, denen diese Menschen mit ihrer „barbaros-Sprache" eher fremd und unheimlich

---

14 So wird die mitochondrische DNA ausschließlich von der Mutterseite vererbt und verändert sich dabei nicht. Und man kann so die gemeinsame Abstammung aller heute lebenden Frauen auf eine einzige Frau ... eben dieser mitochondrischen Eva zurückführen. Die Frauen sind somit alle Schwestern. Aber auch alle heute lebenden Männer haben einen gemeinsamen ältesten männlichen Vorfahren, den „Adem" des Y-Chromosoms, der vor 60.000 Jahren in Afrika lebte. Das entlarvt alle Vorurteile des Rassismus Siehe S.128f in Dalai Lama (Fußn.4)
15 Z.B. Bildung der deutschen Nation aus germanischen Stämmen und „deutschen" Ländern

erscheinen. In meinem Buch „Gebeugter Rücken aufrechter Gang"[16] habe ich aufgezeichnet, dass wir in der DDR sowohl von russischen Dichtern, als auch von russischen Akademikern (der Akademie der Wissenschaften) schon frühzeitig dissidente Meinungen zu energiepolitischen, ökologischen und landschaftsverändernden, sowie sozialen Ereignissen, staatlichen Meinungen oder Bestrebungen „anzapfen" konnten. Da gab es große Übereinstimmungen mit den ökologischen und soziopolitischen Ansichten der Progressiven in den westlichen Ländern. Für uns waren sie eben nicht stumm, nicht barbaros und nicht nemec.

6. Vielfalt, Kooperation und Dankbarkeit

Das wiederum führt uns zu der Einsicht, dass wir lernen müssen, die Vielfalt wertzuschätzen (siehe auch das Titelbild!), weil es uns dann leichter fällt, jene Menschen zu respektieren, die sich von uns unterscheiden, „barbaroi" oder „nemci". Der Dalai Lama schreibt: „Je besser wir die Vielfalt wertschätzen, desto leichter wird es uns fallen, auch die Menschen zu respektieren, die sich von uns unterscheiden." Und „Damit die Gemeinschaft der ganzen Menschheit gedeihen kann, ist es unbedingt erforderlich, dass auch die einzelnen Mitglieder dieser Gemeinschaft [Individuen und Nationen, der Autor] wachsen und gedeihen können"[17] Ich erinnere in diesem Zusammenhang nur an die Kooperation in der internationalen Zusammenarbeit beim Betrieb der ISS. Die USA ist momentan nicht imstande, eine Versorgungsrakete dorthin zu schicken und die Russen unternehmen all diese Aufgaben mit ihren Raketen (Nahrungs- und Betriebsmittelzufuhr, An- und Abtransport von Astronauten usw.) Diese Art von Kooperation klappt also bereits und beruht auch auf der Vielfalt der wissenschaftlich-technischen Errungenschaften und Möglichkeiten zwischen Amerikanern und Russen. Wäre da nicht eine gewisse Dankbarkeit gegenüber Russen angebracht und friedensfördernd, d.h. man könnte/sollte die Kooperation und Vielfalt der dialogischen Begegnungen und Abkommen auf dieser Basis der schon funktionierender Zusammenarbeit vergrößern und in Konfliktfällen für

16   Docupoint –md GmbH,2017, ISBN 978-3-86912-136-9
17   A.a.O. S. 135

friedliche Lösungen einsetzen. Man könnte sagen in Frieden und mit Freuden: „Alle Menschen werden Brüder wo Dein goldener Flügel weilt!"

Gewissermaßen handelt es sich bei Dialog, Kooperation und Dankbarkeit um „unsere stärksten Empfindungen (die Eigenschaften im innersten Kern der menschlichen Natur) d.h. wir haben Sympathie, Sorge um andere und Freude am Wohlergehen der anderen..."[18]. In der neueren Forschung über das neurologische Verhalten des Menschen wurde das durch das Funktionieren mittels der Spiegelneuronen im Gehirn herausgefunden. Dort hat man erkannt:

- Beobachtetes Verhalten wird intuitiv nachgeahmt
- Beobachtete Emotionen werden automatisch nachempfunden (emotionale Empathie)

Mit einer Art geistigen Hygiene meint man, dass Sie aktiv und bewusst darüber entscheiden (sollten), welche Gedanken Sie in Ihrem Kopf zulassen, mit welchen Menschen Sie sich umgeben und welche Medien Sie konsumieren. Das ist insbesondere für Politiker wichtig, die vor der Entscheidung stehen sicherheits- oder friedenspolitisch[19] zu handeln, d.h. entweder militärisch oder dialogisch auf Konflikte zuzugehen. Denn all dies hat ja einen Einfluss darauf, in welche Richtung sich Ihre Spiegelneuronen entwickeln und damit auch darauf, wie Sie – in Sonderheit die Politiker - letztlich denken und handeln. An die Staatenlenker gewandt muss man fordern: Überlegen Sie sich also, wie unser aller Leben aussehen und erhalten werden soll und überprüfen Sie dann die auf Sie einwirkenden Konflikt- und Umwelteinflüsse. Und diese Veranlagung des Menschen auch das Gute, Freudevolle und Friedliche zu sehen, trägt nicht nur für das gesellschaftliche Wohl und den Weltfrieden Entscheidendes aus, sondern sogar für das Wohlergehen des einzelnen Menschen. „Menschen, die dazu neigten, in der Welt mehr Schlechtes zu sehen, waren erheblich unglücklicher als jene, für die die Welt und die Menschen darin grundsätzlich gut waren"[20]. "Ein hauptsächliches Bewusstsein von dem grundlegenden Gutsein des Menschen kann uns Mut und Hoffnung verleihen."[21] Wenn wir das fest in unserem Denken

---

18   Charles Darwin, "Die Abstammung des Menschen
19   Siehe diese Alternative bei Birkenbach, hier auf Seite 134ff
20   Dalai Lama a.a.O. S. 163
21   Dalai Lama a.a.O. S. 165

und Fühlen verankern, gewissermaßen als einen unumstößlichen Glaubensgrundsatz, muss das zu Frieden führen. „Denn schließlich haben wir Menschen eine Neigung dazu, das, woran wir glauben in die Wirklichkeit umzusetzen – ein wenig in der Art der sich selbst erfüllenden Prophezeiung."

Wenn wir diese heute auch wissenschaftlich belegten neuen Einsichten zum Thema Konfliktbearbeitung und Friedensforschung zur Kenntnis nehmen, dann kommt uns dennoch in den Sinn, ob nicht schon vor dieser „neuen Erkenntnis" weltweit und in der letzten Vergangenheit solche Ansichten in der „Luft lagen"? Wenn man an die Theorie vom morphischen Feld von Rupert Sheldrake[22] glaubt, dann scheint solch ein Friedensfeld, ein Jesusfeld, vom Wohlwollen der Menschen untereinander, seit dem Auftreten von Jesus von Nazareth in der Welt zu sein und man kann die notwendigen Anliegen („Friede auf Erden und den Menschen ein Wohlgefallen"; „liebt eure Feinde und tut Gutes und leiht, ohne etwas dafür zu erhoffen".) daraus durch Resonanz anzapfen.

Vielleicht wird bei solcher Besinnung klar, dass wir keine Widersprüche in der Welt lösen können. Nicht von ungefähr gibt es den sauberen Widerspruch von Gut und Böse nur im Märchen. Im Mythos und in der religiösen Bildsprache ⊠ der Metapher ⊠ gibt es dagegen nur Konflikte als Bündel ganzer Konfliktfäden und es gibt die Vermischung von Gut und Böse in „mir" und in „dir" und in der „Sache". Solche Konfliktknoten können wir nicht lösen und sollen wir nicht durchhauen wollen, denn das ginge nur durch Reduzierung solchen Konfliktbündels auf das Alternativpaar „hie gut" – „da Böse". Setzen wir aber das vermeintlich Gute ⊠ was wir ja aber erst in unserer analytischen Setzung zu unserem Guten gemacht haben ⊠ mit allen Mitteln durch, so kehrt(e) sich das geschädigte Gute der Gegenseite und das nichtbeschädigte Böse auf meiner Seite gegen mich selbst. Konfliktknoten lassen sich nicht lösen, sondern mit gutem Willen auf allen Seiten nur gewaltarm, tragfähig machen und mildern, indem alle Beteiligten am Konflikt leidens- und mitleidensfähiger werden. Die Metapher dafür ist nicht „Kain und Abel", sondern Noah, der Mitleidende und Mitnehmende im Konfliktfeld der allgemeinen Not. Auch Jesus Christus wusste darum. Und indem er unsere Schuld

---

22 Rupert Sheldrake, Das schöpferische Universum: Die Theorie des Morphogenetischen Feldes, Ullstein 2009

barmherzig vergab, führte er geradezu in jedwede Konfliktbereinigung in Zeit und Weg. Auch in der Nachfolge Christi können wir den Konflikt nur auf den Weg der Bereinigung bringen, indem wir ihn durchtragen und durchleiden. Ein Bildbeispiel dafür gebe ich nun noch:

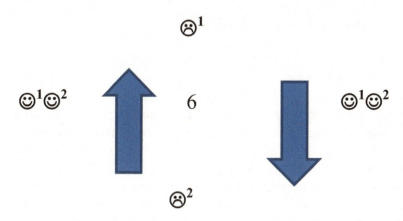

Schaut ein Mensch mit dem Gesicht 1 ($☹^1$) auf die untenstehende Ziffer, so wird er mit gutem Recht behaupten, das sei eine 9. Er wird diese Wahrheit mit allen Mitteln verteidigen wollen, weil sie ihm augenscheinlich einleuchtet. Jedoch wird der Mensch mit dem Gesicht 2 ($☹^2$) mit gleichem Recht behaupten, nein, es ist doch augenscheinlich, dass das eine 6 ist. Wo liegt die Wahrheit? Die Wahrheit lässt sich nicht vom individuellen isolierten Standpunkt (Standort) ausmachen, weil es jeweils allein eine vom Gesamtmenschlichen abgespaltene Position ist. Erst im gemeinsamen Miteinander lässt sich die für alle gültige Wahrheit ermitteln. Und diese ergibt sich erst im Miteinander, im Miteinanderschreiten, die Wahrheit muss auf dem Weg gefunden werden. Wenn die beiden glücklich strahlenden Gesichter$☺^1☺^2$beide gemeinsam die Ziffer umwandeln, so merken sie, dass je nach gemeinsamem Standort vor oder hinter der Ziffer, sich diese einmal als 9 und einmal als 6 herausstellt, die Wahrheit ist relativ, und ist nur im Miteinander relational zu gewinnen. Und nun setzen Sie statt der Ziffer 6/9 die jeweilige Friedensethik, Friedensgewinnungsstrategie oder Friedensoption ein und sie werden erkennen, dass auf der Basis des begrenzten, beschränkten, Standpunktes keine der jeweils alternativlos richtig erscheinenden Optionen den Anspruch auf Wahrheit entgegennehmen kann. Der Frieden und seine Wahrheit kann nur im gemeinsam begangenen Weg gefunden werden.

7. Was kann die Kirche dafür tun?

Hier geht es neben dem kirchenspezifischen Auftrag auch darum, wer kann in der Kirche etwas tun?

Dazu meint Dorothe Sölle[23], dass sich Menschen in der Kirche danach ermutigen sollten, zu versuchen, die Kirchenführer langsam in eine klare, eindeutige Richtung zu drängen, dass sie um des Evangeliums[24] willen auch einmal Partei ergreifen und eben nicht die Partei des Todes wählen oder diese auch für möglich halten. Das wäre heute die allerwichtigste Aufgabe der Kirchen: endlich diesen Todesmächten den Abschied zu geben, endlich >nein< zu sagen zu der weiteren Ausplünderung der dritten Welt, zu der Aufrüstung und zu der Zerstörung der Natur, also zu den drei Haupt- Todestendenzen der Gesellschaft." „Für mich ist es eigentlich am Schlimmsten, dass die Kirchen... immer wieder Partei ergreifen für die Reichen gegen die Armen, dass sie den Krieg der Reichen gegen die Armen unterstützen indem sie Aufrüstung unterstützen und entsprechend die Nichtunterstützung der Hungernden befürworten."

8. Zusammenfassung von Randbedingungen für gewaltlose Aktionen

- Friede muss Tag um Tag gelernt werden.
- Christen haben den Vorteil der „Familie" und damit weltweiter Verbindung.
- Von Zeit zu Zeit ist Selbstreflexion nötig: „Wo ist mein Gefühl?"
- Konfliktknoten können nicht gelöst werden, Konflikte müssen durchgetragen werden.

---

23   So in Dorothee Sölle , „Gesammelte Werke 2,, S.259
24   Das heißt die Botschaft Jesu vom „Reich Gottes"

- Frieden muss wachsen und reifen können, vorschnelle Aktionen schaden.
- Der Weltfrieden ist erstmalig und ganz neu durchzusetzen.
- Friede hat verschiedene Zielstationen. Welche steuere ich zuerst an?
- Die kleine Gruppe hat in der Friedensarbeit eine besondere Chance.
- Pazifismus hat mindestens noch den Wert der Zeichensetzung und Beunruhigung.
- Feindesliebe wird immer mehr zu einem rationalen Modell zum Überleben.
- Die breite öffentliche Diskussion über die Zukunft ist ein Gebot der Stunde.
- Freude und Humor in der Friedensarbeit ist ein Stück gewaltlose Aktion.
- Friedensverantwortung darf sich nicht auf Soforterfolge stützen.
- Friedlosigkeit bedarf der Heilung und ist ein Anliegen an Gott.
- Friedensarbeit geschieht auf vielen Ebenen, die zusammenhängen.
- Die Energieproblematik könnte Friedensproblematik sein.

Möge der Friede Gottes, der höher ist als unsere Vernunft, uns bewahren, d.h. unsere Herzen und Sinne in Christus Jesus, damit wir aus unserer Unvernunft zuerst einmal zu dieser unserer Vernunft finden, die uns den Schalom Gottes von weitem zeigt. Und dieser Schalom Gottes wird uns Jahr für Jahr im Dezember verkündet in der Weihnachtsbotschaft.

IV. Die Weihnachtsbotschaft[25]

Nun ertönt sie immer wieder die über 2000-jährige Botschaft vom Kommen des Friedens in die Welt:

„Ehre sei Gott in der Höhe und Frieden auf Erden, bei denen und mit jenen, an denen Gott ein Wohlgefallen hat!"

Ja, so klingt es allweihnachtlich von den Kanzeln der Christenheit und nun glaube ich, leben wir in einem gewissen Advent, einem Kommen, von dem man erzählen und hoffen kann, dass sich dieses Friedensange-

---

25 Als Erstes schon mal ausgeführt 2015

bot nun doch endlich Bahn brechen zu wollen scheint. Viele Menschen unserer Zeit sind schon mit großer Wahrscheinlichkeit bereit, diesen zugesprochenen Frieden anzunehmen und darauf zuzugehen.

Ich bin zuversichtlich, dass es heutzutage schon wieder genügend Friedensmacher (εἰρηνοποιόσ) (Mt 5,9) gibt, die diesen uralten Menschheitstraum – der in vielen Religionen der Welt einer gottgegebenen Sehnsucht und Verheißung entspricht – nun herbeiführen und diesen Planeten in eine glückverheißende Zukunft führen wollen. Ein Licht scheint uns adventlich aufzuleuchten.

Gibt es derzeitig nicht doch schon viele Beispiele dafür, dass es auch bergauf geht?

Tatsächlich gab es noch nie zuvor so viele demokratisch geführte und so relativ wenig diktatorische und terroristische Länder[26] wie heute in der globalen Welt. Nie zuvor hat es ein so freies, relativ demokratisches und vereinigtes Europa[27] gegeben, in dem die Menschen ungehindert zueinander kommen können und Freunde werden.

Nie zuvor hat es einen solchen Strom an Menschen gegeben, die es satt haben, Krieg zu führen und im Krieg umzukommen; sie und ihre Kinder. Sie fliehen vor dem Krieg zu uns und wir sind schon viele, die es genauso fühlen und die diese Kriegsmüden und Kriegsflüchtlinge willkommen26 heißen. Das ist der sichtbare und fühlbare Ausdruck und die Anerkenntnis, dass doch ein Heiland in unsere Welt gekommen ist mit einer neuen Botschaft, dass Frieden auf Erden sein soll, die sich Bahn bricht.

Nie zuvor wurden Kinder in der Welt so ernst genommen wie heute. Malala aus Pakistan und der Deutsche Felix Finkenbeiner[28], zuletzt aber auch Greta Thunberg mit ihrer Bewegung „#fridaysforfuture" sind dafür sehr herausragende Beispiele für viele andere.

Nie zuvor haben Frauen, Mädchen und Knaben („#fridaysforfuture") relativ so viel Einfluss und Möglichkeit sich gegen Missbrauch und Gewalt aussprechen und wehren zu können wie heute. Parlamente, Regierungen und sogar auch Kirchen nehmen sich immer aufrichtiger solchen Missbräuchen an.

---

26 Wenn auch die wenigen letzten noch eine Rolle spielen, die beängstigend genug ist
27 eben die Sicht noch von 2015!
28 Als Felix Finkbeiner neun Jahre alt ist, hat er eine Vision: Mit Bäumen will er die Welt retten (Plant-for-the-Planet).

Und ganz neu ist somit die Kraft von Kindern, die den Erwachsenen ganz neue Wege aufzeigen. Beispielgebend (neben Malala) sei darum hier Greta Thunberg („#fridaysforfuture") und dieser Felix Finkenbeiner genannt. Seine Schülerinitiative Plant-for-the-Planet wurde 2007 von dem damals neunjährigen Schüler Felix Finkbeiner aus Pähl ins Leben gerufen. Nach einem Jahr waren 150.000 Bäume durch seine Initiative gepflanzt. Felix sprach vor den Vereinten Nationen, dort traf er die kenianische Friedensnobelpreisträgerin Wangari Maathai, die mit ihrer Bewegung „The Green Belt Movement" in 30 Jahren ca. 30 Millionen Bäume in Afrika pflanzte. Am Ende seines Referats entwarf Felix dann die Vision, dass Kinder in jedem Land 1 Million Bäume pflanzen könnten.

Nie zuvor hat die weltumspannende Informationsmöglichkeit durch Internet, Telefon, Fax und E–Mail so viel zur Verständigung, Beziehungsaufnahme, Bildung, Freiheit der Meinung und der Weiterinformation beigetragen, wie heute.

Nie zuvor hat es einen so gewaltigen geistigen Aufbruch an religiöser Freiheit gegeben, wie sie heute zu beobachten ist. Da gibt es die charismatischen Basisgruppen in Südamerika und ebenfalls in Südamerika die damit verbundene christliche Befreiungsbewegung (Befreiungstheologie), die unterstützt wird von Papst Franziskus. Dieser Papst hat sich erstmalig mit den Benachteiligsten und Ärmsten der Welt in Rom getroffen und hat Ihnen seine Verbundenheit zugesichert. In seiner Enzyklika „Laudato Si" hat er ganz neue Töne in der Kirche angeschlagen und uns ans Herz gelegt, mit der Welt sozialer und ökologisch sorgsamer mit den Mitkreaturen umzugehen.

Nie zuvor hat es auch in der islamischen Welt so viele Aufbrüche gegeben, die im Kern schwerer wiegen, als die Restaurationsversuche islamistischer Gruppierungen. Denn islamische Imame verbünden sich nun mit friedensbewegten Moslems. All dies sind doch Hoffnungszeichen im Hinblick auf einen anschwellenden Aufschwung der Friedensbewegung.

Der 1. Weltkongress der Rabbiner und Imame für den Frieden ist am Donnerstag, 6. Januar 2014 in Brüssel mit einer gemeinsamen Erklärung von 150 führenden Geistlichen zu Ende gegangen. An die politischen Verantwortlichen appellierten sie, nach gerechten und dauerhaften Friedenslösungen vor allem für den Nahen Osten zu suchen. Der Kongress soll(te) den Aufbau eines islamisch-jüdischen Netzwerkes bilden, um letztlich den Extremisten und religiösen Fanatikern den Boden zu entziehen. (See more at: http://caux.iofc.org/de/node/23561#sthash. t9uK8iXZ.dpuf).

Nie zuvor hat es solche gemeinsamen Dialoge und Verlautbarungen zwischen Christen, Juden und Muslimen gegeben, wie heute:

70 Rabbiner und 70 hochrangige Muslime aus 34 Ländern trafen sich Ende März 2015 in der andalusischen Hauptstadt. Zu den Rabbinern und Imamen stieß eine gleiche Zahl von Experten und Beobachtern, sowie spanische und internationale Medienschaffende. Für einige war der Kongress „fast ein Wunder" wie es ein Teilnehmer formulierte. Alle waren sich einig in der Absage an den Extremismus und den Missbrauch der Religion zur Rechtfertigung von Gewalt.

Die neue Informationsfreiheit über die elektronischen Kanäle ermöglicht es, dass sich die Menschen in aller Welt darüber informieren können, was wer zu ihnen spricht und darüber, was ihre heiligen Schriften unmittelbar im Original sagen. Und so lernen Muslime und Muslima aus dem Koran:

Der Koran verurteilt das Töten Unschuldiger in der entschiedensten Formulierung, die denkbar ist:

مَن قَتَلَ نَفْسًا بِغَيْرِ نَفْسٍ أَوْ فَسَادٍ فِي الأَرْضِ فَكَأَنَّمَا قَتَلَ النَّاسَ جَمِيعًا وَمَنْ أَحْيَاهَا فَكَأَنَّمَا أَحْيَا النَّاسَ جَمِيعًا

„Wer ein menschliches Wesen tötet, ...so ist es, als ob er alle Menschen getötet hätte. Und wer es am Leben erhält, so ist es, als ob er alle Menschen am Leben erhält." (Koran: 5/32)

Unser Prophet Muhammed sagt:

لهدم الكعبة حجرًا حجرًا أهون من قتل مسلم

„In den Augen Gottes ist es eine geringeres Vergehen, die Kaaba zu zerstören, als einen friedliebenden Menschen zu töten."

„Ihr, die ihr glaubt! Tretet allesamt ein in den Frieden" (Koran: 2/208. „Der Muslim d.h. der friedliebende Mensch, ist verantwortlich dafür, dass die anderen friedliebenden Menschen vor seinen Händen und Worten sicher sind." (www.islam-penzberg.de/?p=1163).

Das ist die konkreteste Absage an Gewalt und kriegerische Lösung von Konflikten.

Nie zuvor in den letzten Jahrzehnten sagen also Muslime und ihre Imame so deutlich, was sie von Gewalt und das Töten in Kriegen halten. So auch die Deklaration der Imame in München, vom 21. September, 2014:

„Die aktuellen Ereignisse im Irak und in Syrien und zunehmender Missbrauch unserer Religion durch Einzelne und durch extremistische Strömungen bewegen uns, in die Öffentlichkeit zu gehen, um wiederholt zu bekräftigen und für alle unüberhörbar zu erklären, was wir tagtäglich sagen und predigen. Weil wir Muslime sind, sind wir entsetzt über die Verbrechen, die im Namen unserer Religion im Irak und in Syrien begangen werden, und verurteilen entschieden alle abscheulichen Taten, wie die Vertreibung von Andersdenkenden und anders glaubenden Menschen, barbarische Hinrichtungen von Journalisten, Geiseln oder Gefangenen und betrachten all das dezidiert als ebenso unislamisch wie unmenschlich!"

Ja, selbst in den Krisengebieten der Welt brechen wie kaum zuvor gegenseitige Beteuerungen zum Friedenmachen auf: In Israel demonstrierten Tausende am Montag, dem 18. August 2014 für Frieden. Über 10.000 Menschen haben sich am Samstagabend auf dem Rabin-Platz in Tel Aviv versammelt und für Frieden mit den Palästinensern demonstriert.

Nie zuvor war, wie nun zu bemerken, dass sich viele Religionen und Religionsvertreter darin einig sind, nicht die Religionen trennen uns in Bezug auf den zu wünschenden Frieden in der Welt, sondern, die Religionen sprechen dieselbe Sprache, wenn es um den zu gewinnenden Frieden geht:

So hören wir es auch, wenn es um die Frage des Friedens im Buddhismus geht:

Schon Kaiser Ashoka wurde, nachdem er sich eingehender mit dem Buddhismus beschäftigte, Buddhist und gründete als erster Kaiser Indiens sein Staatswesen auf Friedfertigkeit und Einsicht. Er verzichtete auf weitere Kriege, bemühte sich um freundschaftliche Kontakte mit den Nachbarstaaten, schaffte die Tieropfer ab, empfahl Vegetarismus und baute sogar Hospitäler für Tiere. Es fällt auf, wie wichtig für den nun buddhistischen Ashoka friedliche Handlungen wurden. Für Ashoka galt bis zu seinem Lebensende die Verse des Dhammapada, eine der ursprünglichsten und ältesten Sprüchesammlungen des Buddhismus.

In der Geschichte des Buddhismus haben sich dank der starken Ausrichtung auf eine friedliche Grundhaltung und dem ahimsa-Gebot[29] keine Glaubenskriege ereignet. Es gab durchaus Verfolgungen untereinander, Tempel wurden gegenseitig zerstört und Anhänger anders ausgerichteter buddhistischer Schulen vertrieben. Doch dies waren meist kleinere, lokale Konflikte, deren Gewalttätigkeit begrenzt waren und sich nicht aus der Lehre des Buddhismus ableiten ließen. Oft waren es Machtkämpfe, bei denen nicht etwa Bekehrung und Mission die Motivation waren, sondern schlicht der Kampf um Einfluss und Einkünfte. Kriege und Zerstörung von Städten oder Ländern hat es von buddhistischer Seite aus bzw. buddhistisch motiviert nicht gegeben. Das ist der Grund, warum der Buddhismus bis heute im Vergleich mit den monotheistischen Religionen als friedfertiger gilt.

Und so werden auch heute viele Impulse für Friedensaktivitäten aus der buddhistischen Lehre gezogen, Buddhisten gelten mit ihrer gewaltfreien Art des Handelns als Vorbild für Friedensaktivitäten. Die buddhistischen Würdenträger, der Dalai Lama[30] und Maha Gosananda, haben zusammen mit dem vietnamesischen Zen-Meister Thich Nhat Hanh vor Jahren schon den „engagierten Buddhismus" ausgerufen, der sich zum Ziel setzt, auf friedliche Weise auf die zum Teil sehr gewalttätigen Missstände zu reagieren. Buddhisten sind davon überzeugt, dass jede Art von Leid durch Gier, Hass oder Verblendung verursacht wird. Das Leid endet, wenn seine Ursachen erlöschen. Dazu bietet der Buddhismus ein System ethischer Verhaltensregeln und Meditationswege an.

Nie zuvor sind sich nun auch die Vertreter großer Religionen darin einig, dass man die Bevölkerung ermutigen muss, diesen verheißenen Frieden anzunehmen: Der Dalei Lama sagt: „Eine Revolution ist von-

---

29 ahimsa = wörtlich das Nicht-Verletzen) bedeutet Gewaltlosigkeit
30 siehe Fußnote 72

nöten, aber keine politische, wirtschaftliche oder gar technische Revolution. Damit haben wir im Verlauf des vergangenen Jahrhunderts ausreichende Erfahrungen gesammelt und wissen jetzt, dass ein rein äußerlicher Ansatz nicht ausreicht. Wozu ich anregen möchte, ist eine geistige Revolution."

Und auch das christliche Oberhaupt der katholischen Kirche votiert in diese Richtung. Papst Franziskus erklärt: „Im 21. Jahrhundert sei es überholt, über die Lösung eines Problems mit Gewalt nachzudenken." [31]

Wichtig ist hier zu erwähnen und noch einmal nachdrücklich hervorzuheben, dass „alle Menschen mit der Fähigkeit zu Empathie auf die Welt kommen; und dass diese Fähigkeit ist fest im menschlichen Gehirn[32] verdrahtet" ist[33]. Somit brauchen wir uns nicht um die Genese von Empathie in uns zu bemühen, sondern nur darum, diese Empathie nicht laufend in uns zu unterdrücken.

Und nun müssen wir uns fragen, wer nun aus der Menschheit greift die Botschaft des Mannes aus Nazareth, bewusst oder unbewusst, auf, damit sich der Traum und die Sehnsucht des Menschen nach Friede und Gerechtigkeit durchsetzen können? Dazu möchte ich noch einmal an die bereits genannte Bewegung #fridaysforfuture" anknüpfen.

4.1. #fridaysforfuture und der Heilige Geist in der Gegenwart

Die Fülle der ökologischen Literatur befasst sich mit der Analyse des Beschädigten, aber fast nie mit dem »Täter Mensch«. Der Prager Philosoph Milan Machovec[34] sieht auf dem bisherigen Weg des Fortschritts in drei bis vier Jahrhunderten alles Irdische zugrunde gehen. Wir werden Machovec auf einem langen Weg der Weisheitssuche begleiten müssen[35]. Denn was Carl Friedrich von Weizsäcker vermutet, deckt Machovec auf: Die Wurzeln unserer fehlgeleiteten Vernunft, die zur planetaren

---

31 Siehe auch Gerhard Loettel, „Jetzt müssen wir laut aufschreien" ISBN 978-3-86912-158-1
32 Oder in seinem morphischen Feld
33 A.a.O. S. 391
34 Auszug aus der Rezension Gerhard Loettel: Milan Machovec's „Suche nach Weisheit": „Öde Landschaft Vernunft" zuerst in Evangelische Kommentare 4/1989, S. 42
35 Hier weiter ab Seite 105

Gefahr wird, liegen in der ganzen Menschheitsgeschichte.

Machovec beginnt seine Suche bei der mythischen Weisheit. Station um Station befragt er dann kritisch die Philosophie. Als das Ergebnis einer dreitausendjährigen Geschichte ist unsere Krise nicht die zwangsläufige, fatale Emergenz von Unabwendbarem, sondern die Folge sehr alten gesellschaftlichen Wollens. Das Rettende kann heute nicht als ökologisches Rezept erfunden werden. Wenn unser fehlerhaftes Denken und Handeln bestimmt wird von menschheitstiefen Verhaltensmustern, so können nur ebensolche humanen, aber verdeckten und vergessenen biophilen Urkräfte das Leben des Planeten retten, meint der Autor.

Die Fehler der Vernunft werden durch die Erfolge der Vernunft verdeckt. Die Rückseite der Erfolge des Vernunftsweges sind »Nebenwirkungen«, die nicht erkannt werden, weil der Erfolg die Wachsamkeit betäubt. Mit diesem Wegweiser sucht er selbst Vergessenes und Verfehltes, lädt zum Mitsuchen ein.

Der Mensch überdenkt nicht mehr den »Sinn des Kosmos«, die »Stellung des Menschen im Kosmos« und die Rolle der Geschichte unseres Planeten«. Er verliert mehr und mehr Ganzheit und Emotionalität, Heimatgefühl, Verbundenheit mit allem Lebendigen und das Vermögen zur humanen, moralischen Erziehung der Kinder. Dieser Individualismus präsentiere sich als eine »männliche Angelegenheit«, die über wissenschaftliche Rationalität und Arbeitsteilung zu Spezialistentum und zersplittertem Disziplinwissen führe. Dagegen suche »Weisheit« immer mehr als nur die Summe der Wahr-haftigkeiten. Es gehe ihr darüber hinaus um eine Ganzheit, in der auch das Emotionale, das Moralische, die dynamischen Antriebe, und in »jedem Augenblick auch der Reichtum der Weisheitssuche aller Epochen lebendig« ist.

Nach Machovecs persönlichster Philosophie braucht ein authentischer Humanismus ein konkretes »Gegenüber«. Der Mensch könne sich nicht selbst zur höchsten kosmischen Instanz erheben, denn »alles was Sinn hat, hat ihn in Bezug auf etwas anderes, im Reich der Werte wenigstens potentiell Höheres«. Machovec sucht dieses Gegenüber nicht nur in der Gesellschaft, sondern im »ontischen Sein«, das nicht »dumm, absurd oder tot« sei, weil es in sich die Bedingung der Möglichkeit von Sinn und Ordnung bereit hält. Diesem außermenschlichen Sein gelte es, in demütigem Dialog, mit Liebe, Schutz- und Verteidigungsbereitschaft gegenüberzutreten.

Machovec versucht hier dem „ontischen Sein" Möglichkeit von Sinn und Ordnung beizugeben. Nach den vergeblichen Versuchen der materiell-mechanistischen Wissenschaften im Gehirn des Menschen als einem Bezugspunkt des ontischen Seins Bewusstsein zu entdecken und dem Bekenntnis "Wir wissen nicht was Bewusstsein ist", müssen wir wohl neu überlegen, wie und wo ein solches Gegenüber ist, und wo wir diese Möglichkeit von Sinn und Ordnung zu finden hoffen, wenn es nicht nur in der Gesellschaft des Menschen angesiedelt ist sondern in einem außermenschlichen Sein, dem wir mit Liebe, Schutz und Verteidigungsbereitschaft gegenüberzutreten haben. Spirituelle bzw. Glaubenssuche erfährt hier eine Sphäre „Heiligen Geistes", von dem uns auch Jesus von Nazareth Kunde gibt. Und wie erfahren wir diese Wirkungen Heiligen Geistes, wenn es nach der wissenschaftlichen Aussage nicht durch das Gehirn vermittelbar ist? Frühe religiöse Vorstellungen versagten sich die penetrante Suche nach der Verursachung von Wirkungen Heiligen Geistes und nahmen einfach diese Wirkung als gegeben hin. Wenn heutige Menschen nach der Aufklärung aber danach fragen, gibt es sogar eine Auskunft darüber. Der englische Biologe Rupert Sheldrake stellt dazu die Auffassung zur Verfügung, dass Bewusstsein, Geist und Erinnerung in einem sogenannten morphischen Feld gespeichert seien. Solch ein Feld lässt sich analog zu den physikalischen elektromagnetischen oder Gravitationsfeldern denken. Von dort lassen sich Erinnerungen und Einflüsse durch Resonanz abrufen, indem unser Gehirn wie ein Radioempfänger wirkt, der unser eigenes individuelles morphisches Feld mit dem allweit und allzeit vorhandenen und wirkenden historischen und spirituell gegenwärtigen Feld in Resonanz bringt. So ist vorstellbar, dass es auch ein allgegenwärtiges „Jesusfeld" gibt, in dem die „Möglichkeit von Sinn und Ordnung" als Heiliger Geist aufgespart und abrufbar sind. Mit diesem Wirkmechanismus ist es vorstellbar, dass Heiliger Geist auch auf das Geschehen in unserer kulturell-gesellschaftlichen Entwicklung Einfluss nehmen kann. Machovec nun, der fast verzweifelt drüber ist, dass sich eine Entwicklung abzeichnet, die das Ende der menschlichen Zivilisation und sogar des Lebens auf der Erde sin könnte, fragt nach rettenden Kräften gegen solche Endzeitphänomene. Der Prager Philosoph ist beinahe verzweifelt, dass es – wie es ihm scheint ⊠ derzeit keine »rettende Weltbewegung« gibt, die diese so notwendige Weisheitssuche betreibt.

Solche Kräfte zeigten sich ihm früher im aufkommenden Bürgertum, das die destruktiven Entwicklungen im Feudalismus - mit Städtefehden und Regionalkämpfen - überwand. Und er sah die zerstörerischen frühkapitalistischen sozialen Auswirkungen in der Gesellschaft aufgehoben durch die rettende Weltbewegung" der Arbeiterschaft mit der aufkommenden Streikkultur und gewerkschaftlichen Bewegungen. Nun aber sieht er keine solche neue »rettende Weltbewegung«. Und so fragt er in seiner letzten Station nach den »begabten, erotischen und nervösen« Frauen, und nach ihrem Anderssein. Denn da die Frauen nicht im gleichen Ausmaß an der »männlichen Angelegenheit« von Wissenschaft und Technik und am Stolz über die »Erfolge« teilhaben, ist vielleicht ihre Wachsamkeit für die Nebenwirkungen nicht so betäubt. Vielleicht haben sie, die dem Rhythmus der Natur näher sind, sich ein Gespür für das Überindividuelle und für das Generative erhalten.

Und doch hat die „Frauenbewegung" nicht genug Power durchgehalten, um außer einigen „Rechten" für die Frau - die sich eher als Quotenregelung beschreiben lassen - einen massiven Einfluss hinterlassen, um aus der Sackgasse der patriarchalischen, männerdominierten wissenschaftlich beförderten und unendlich wachsenden Technologie eines unaufhörlichen Fortschrittsmythos herauszufinden, die uns an den gesellschaftliche und biologischen Abgrund der Schöpfung führt.

So stehen wir wieder vor der Frage nach den Kräften für eine »rettende Weltbewegung«. Wo sind sie zu finden? Und welche Personenklasse kommt dafür nun in Frage?

Hier stellt sich mir als evangelischen Pfarrer die Vision vor Augen, dass es sich der Heilige Geist Gottes einfallen ließ, eine neue und weitere Gruppe von Maschen zu suchen und zu finden, die bereit sind, ihr ganzes Sehnen, Empfinden und Hoffen zu enthüllen, um eine Zukunft zu sichern und zu bewahren, die ihr eigenes Leben betrifft und d.h. die sowohl kulturelles Leben ebenso erhalten möchte, wie das (ökologische) Zusammenspiel von Leben auf dem Planeten Erde überhaupt. Diese Gruppe hat mit ihrer »rettende Weltbewegung« nichts weniger im Sinn, als die gewordene Natur und Kultur der Schöpfung auf der Erde zu bewahren.

Und dazu hat Heiliger Geist möglicherweise darum nun unsere Kinder, die Schüler und Schülerinnen in den Gesellschaften der Völker gerufen und beauftragt, uns Erwachsenen von der Not und der Angst um die Zukunft, um ihre Zukunft zu erzählen und uns aufzurütteln, dieser ihrer Zukunft leben zu wollen, nicht länger tatenlos im Wege zu stehen.

Die #fridaysforfuture-Bewegung scheint eine geistgewirkte Kraft Gottes zu sein. Anders lässt sich m.E. das augenscheinliche Wunder des erdrutschartige, epochalen Anstiegs und Erfolges dieser »rettenden Weltbewegung« nicht erklären.

4.2. #fridaysforfuture: Warum Kinder?

Nun erhebt sich die Frage, warum der Heilige Geist sich scheinbar ausgerechnet Kinder ausersehen hat, unsere Lebensmöglichkeit in der Zukunft zu retten? „Wenn die Alten taub sind und blind, werden die Kinder schreien und ihnen die Augen öffnen!" (aus des Kaisers neue Kleider) Oder wie in Bibel Ps. 8,3: „Aus dem Munde der jungen Kinder und Säuglinge / hast du eine Macht zugerichtet um deiner Feinde willen, dass du vertilgest den Feind und den Rachgierigen[36]."

Da gibt es zuerst eine rationelle Antwort. Diese Kinder sind es ja, die die Initiative ergreifen müssen, weil es um ihre Lebensmöglichkeit in ihrer Zukunft geht. Entweder gibt es diese Zukunft für sie oder sie finden dort kein Leben mehr. Was also bleibt ihnen übrig, wenn sie (weiter) leben wollen. Greta Thunberg hat sich diese Zwangsvorstellung zu Eigen gemacht als sie den Wirtschaftsmächtigen in der Welt in Davos in die Ohren rief: „Ich will, dass ihr in Panik geratet, dass ihr die Angst spürt, die ich jeden Tag spüre."

Doch genügt diese Antwort? Könnte es nicht auch eine Gruppierung von Erwachsenen geben, die ebenfalls aus Mitgefühl, Verantwortung, Gewissen, Altruismus und Nachkommenpflege bereit wären, neue Verantwortung zu übernehmen? Die Möglichkeit stände offen, aber die politische Struktur scheint da ein zu großes Gegengewicht zu haben.

So scheint der Heilige Geist Kinder in diese Mission zu rufen, die relativ unabhängig von den politischen Weltstrukturen zu sein scheinen. Hat das Bedeutung?

Ich denke ja. In unserer heutigen Gefahrensituation sind die Kinder die Ärmsten und Gefährdetsten der menschlichen Zivilisation. Und

---

36 Heute vielleicht „Renditegierigen"

darum kommt ihnen - wie immer in der Geschichte der Menschheit - diese Aufgabe zu. Immer sind es die Ärmsten und Gefährdetsten, die berufen sind, aus den Sackgassen der Kulturgeschichte herauszuführen. Das zeigen nicht nur die historischen Befunde der jeweils »rettenden Weltbewegung«, das erzählen auch unsere Märchen aller Kulturen. Aber noch ein Weiteres qualifiziert und prädestiniert die Kinder zu dieser Aufgabe als »rettende Weltbewegung«.

Dazu müssen/können wir bei Jesus nachlesen, was er über die Kinder und ihre Qualifizierung gesagt hat.

In Mt 19,14 lesen wir: „Jesus sprach: Lasset die Kinder und wehret ihnen nicht, zu mir zu kommen; denn solchen gehört das Himmelreich". Nach Mk 10,14 wird er gar unwillig, als er merkte, dass man die Kinder daran hindern wollte ihm zuzuhören:

Mk 10,14 „Als das aber Jesus sah, wurde er unwillig und sprach zu ihnen: Lasset die Kinder zu mir kommen und wehret ihnen nicht, denn solchen gehört das Reich Gottes."

Jesus gemahnt uns mit diesem Ausspruch daran, die Kinder nicht zu behindern und gering zu achten, er verheißt ihnen gar ein höheres Mitspracherecht zu als den Erwachsenen.

Wenn wir die poetische Sprache Jesu übersetzen in unsere prosaische Sprache, so drückt sich im kommenden „Himmelreich", von dem Jesus spricht, das immer schon präsente, mögliche und anzunehmende gesellschaftliche Miteinander aus, in dem Liebe und Gerechtigkeit im Beisein Gottes irdische Realität erlangt haben. Dass es eben nicht um das Abgehobensein in einem himmlischen Paradies geht, von dem Jesus hier spricht, belegt ein anderer Ausspruch Jesu in Mk 7,27, gemäß dessen er seine zuvörderste Mission an die Kinder Israels begründet

Mk 7,27,: „Lass zuvor die Kinder satt werden; denn es ist nicht recht, dass man den Kindern das Brot nehme und werfe es vor die Hunde." Nicht nur heute, wo wir diesen Kindern - die nun Gerechtigkeit und Liebe statt Ungerechtigkeit, Waffen und Hungersnot fordern - den Mund verbieten wollen mit law and order sprich mit der Forderung nach Schulpflicht, sondern auch schon damals bei Jesus zeigten sich Erwachsene überfordert von seinen Worten. Aber Jesus antwortete (nach Lk 23,28) wiederum und sprach zu ihnen:

Liebe Kinder, wie schwer ist's, ins Reich Gottes zu kommen!

Für heute zu uns also „Wie schwer ist es doch - statt für Rendite, Profit, Macht und Rechthaberei - dafür einzustehen und den Kindern zuzuhören, dass sich ein liebevolles gerechtes soziales Miteinander in der Welt einstellt. Jesus aber wandte sich damals zu ihnen um und sprach: Ihr Töchter von Jerusalem[37], weint nicht über mich, sondern weint über euch selbst und über eure Kinder.

Jesus bekannte sich also dazu, dass Kinder das größere Einfühlungsvermögen und das Erfahrenkönnen besitzen, um ein Miteinander von Anerkennung aller Geschöpfe in Liebe und Gerechtigkeit anzunehmen und in zu Auftrag geben, es zu gestalten: „Ich will, dass ihr in Panik geratet, dass ihr die Angst spürt, die ich jeden Tag spüre!"

In Lk 9, 47f wird uns gesagt: „Da aber Jesus den Gedanken ihres Herzens[38] erkannte, nahm er ein Kind und stellte es neben sich und sprach zu ihnen: Wer dieses Kind aufnimmt in meinem Namen, der nimmt mich auf; und wer mich aufnimmt, der nimmt den auf, der mich gesandt hat. Denn wer der Kleinste ist unter euch allen, der ist groß. Da haben wir es wieder die historische Entsprechung, das der/das Kleinste die Begabung hat das Größere zu erkennen und zu fordern. Jesus hatte ein Gespür dafür, dass dem noch nicht in die Systeme „eingeschenktem Kind" die größere Unbefangenheit des Denkens und Fühlens zu Eigen ist, ehe man es im Prozess des Erwachsenwerdens ausgetrieben bekommt.

Um es in Bezug zu der #fridaysforfuture-Bewegung zu bringen. Es muss hier der Eindruck vermieden werden, dass die Schüler*Innen von #fridaysforfuture sich nur kindlich oder gar kindisch benehmen oder zu erkennen geben. Sie haben gemäß der Wertschätzung, die ihnen auch Jesus zukommen ließ einen hohen Erkennntnisvorsprung, der ihnen gerade darum zukommt, weil sie noch nicht völlig in unsere nekrophilen Systeme eingegliedert sind. Sie reden und argumentieren also durchaus nicht kindlich, sondern in der Sache um die es ihnen geht durchaus „erwachsen", „gereift". Aber eben nicht nur verkopft" „objektiv", sondern auch noch mit der Gabe der Emotion und des Fühlens und Mitfühlens begabt.

Das lässt sich leicht einsehen, wenn man bedenkt, dass Kindern auch noch die Gabe des „Weinens" eigen ist. Ohne sich zu schämen (was uns

---

37   Heute: „Ihr Menschen der westlichen Welt..."
38   Nach Rechthaberei

eingetrichtert wurde) können sie laut und lautlos schluchzend weinen über Unrecht, Lieblosigkeit, Beiseitegeschobenwerden, Mobbing und weinen vor „Gefahr, Angst Not und Schmerzen". Das können sie. Und wir? Weinten wir über die Verkrüppelten, Getöteten und radioaktiv verseuchten Menschen von Nagasaki und Hiroshima[39]?

Dorothee Sölle schreibt[40]: „Weinen Sie, solange Zeit ist zum Weinen, die Überlebenden von Hiroshima konnten es nicht mehr, da zuckten nur noch die trockenen Augen, die Funktion versagte, es kam nichts mehr, aus und vorbei.

Weinen Sie, denn so ihr nicht werdet wie die Kinder, die haben so viel Tränen, zum Hinfallen welche und zum Gestochenwerden von einer Wespe und als der Luftballon platzte und als es Wirsing gab. Die Bienen und die Schmetterlinge sterben aus, weinen Sie...."

„Statt über die Neutronenbombe zu weinen, was eine menschliche Reaktion wäre; wird das Faktum, dass sie von der amerikanischen Regierung zur Massenproduktion freigegeben worden ist, heruntergespielt."

Weinen wir über die Hungernden und Dürstenden[41] in Afrika und die Kinder, die sich aus den Müllbergen unserer Industrieabfälle noch essbares herausklauben oder um Wiederverwertbares zu verhökern. Weinen wir über dieses Elend, warum Hamburg es freigibt zu gestatten, dass sich nun Arme bei uns aus den Müllcontainern ernähren dürfen? Wir haben das Weinen verlernt, das vielleicht noch die Kinder von #fridaysforfuture beherrschen.

So ruft uns Jesus zu in

-Joh 12,36: „Glaubt an das Licht, solange ihr's habt, auf dass ihr des Lichtes Kinder werdet. Oder noch eindeutiger fordert er uns auf in

- Mt 18,3 indem er sprach: Wahrlich, ich sage euch: Wenn ihr nicht umkehrt und werdet wie die Kinder, so werdet ihr nicht ins Himmelreich

---

39   Die Atombombe „Little Boy" war nur 3,20 Meter lang und 71 Zentimeter dick, ein Objekt kaum größer als ein Weihnachtsbaum. Doch in seiner Metallverschalung verdichtete sich eine Zerstörungsenergie, die ausreichen sollte, um 80.000 Menschen in Sekunden" auszuradieren, Hunderttausende zu verstrahlen und eine Großstadt in eine Mondlandschaft zu verwandeln.

40   Dorothee Sölle Gesammelte Werke 2, ; Kreuz 2006, S. 303ff

41   (Trinkwasser ist eine endliche Ressource, die allmählich aufgebraucht wird und an dem Millionen von Menschen heute schon dürsten; doch 80-90% dieses Trinkwassers wird in Afrika für die Landwirtschaft verbraucht, von der die Industrienationen billige Nahrungsmittel, Rohstoff für die Biotreibstoffindustrie und Sojaprodukte für ihre Massentierhaltung, also Fleischproduktion, bekommen.)

kommen.

Falls wir also von dem unheimlichen Wunder oder der Undenkbarkeit ausgehen, dass dieses so unglaubliche Aufbegehren, Revoltieren und Anmahnen nichts Geringeres als eine Auswirkung und ein Resultat des Eingreifens Heiligen Geistes ist, so müssen wir diesem Resonanzeffekt mit dem Jesusfeld eine nicht abzulehnende Rolle einräumen.

Denn - so sagte der Magdeburger Domprediger Jörg Uhle-Wettler: „Der Heilige Geist kommt von außen, um den Menschen aus seinen mörderischen Trieben und dem Kampf der Eigeninteressen zu befreien. Tiere und Pflanzen brauchen keinen Heiligen Geist. Geistlose Menschen sind die gefährlichste Schwachstelle der gesamten Schöpfung."

4.3. Ein Wunder ist geschehen

Ein Wunder ist geschehen. Und es ist vor unseren Augen erschienen. Und das Wunder kam von Gott unserem Vater/Mutter.

Nicht die Großen dieser Welt haben das Wunder bewirkt, sondern ein kleines 16-jähriges schwedisches Mädchen. Nicht die großen wissenschaftlichen Mahner, Carl Friedrich von Weizsäcker, sein Sohn Ernst-Ulrich von Weizsäcker, nicht die Klimaforscher H.J. Schellnhuber, oder Mojib Latif, nicht die Autoren Harald Lesch, Noah Chomhsky, nicht die Wissenschaftler vom Club of Rome, ja nicht einmal der katholische Papst Franziskus haben das Wunder ausgelöst, das nun vor unseren Augen ablief: Von Honkong bis New York, von Afrika bis zum nördlichen Polarkreis, gingen Millionen junger Menschen auf die Straße, rissen Erwachsene mit und klagten die Mächtigen der Menschheit an, ihnen ihre Zukunft nicht zu verbrennen, sondern zu erhalten. Angefangen hat das mit einem Mädchen vor dem schwedischen Parlament, sie saß dort einsam und allein mit einem Plakat und Wochen später dieser wunderbare Aufruhr der Jugend der ganzen Welt! Das kann man nicht mit rationalen Reaktionen erklären, da muss man einfach das Wirken des Heiligen Geistes erkennen und bekennen. Die Greta hat ein morphisches Feld (mit R. Sheldrake gesprochen) über der Welt aufgespannt und Millionen haben sich in dieses Feld eingeklinkt und sind in Resonanz getreten mit dieser Ansicht, dieser Angst und dieser Panik von Greta um ihre Zukunft.

Ausgelöst und bewirkt kann das nur eine größere Macht haben, als die unserer rationalen Wirklichkeit.

Die Schweden können stolz sein, dass Gott sich diese ihre Greta ausgesucht hat, um uns aufzurütteln.

Auch auf der Freitagsdemo (20. 10.) in Magdeburg war es erhebend, mit anzusehen, wie selbst Kindergärtnerinnen mit ihren minderjährigen Zöglingen im Zug mitmarschierten und schwangere Mütter mit auch minderjährigen Geschwistern, alles mutige und bewusste Menschen, die sich die Zukunft ihrer Kinder und Enkel nicht verbauen/verbrennen lassen wollen. Großartig!

Ich wiederhole nun einen oben schon einmal gesagten Satz: „Zur gleichgewichtigen Ausformung der (ökologischen) Natur war nun die Möglichkeit einer gerechten und lebensverschönernden Kultur gestoßen", die wir für den Frieden auf Erden nutzen können und dürfen. Aber wir haben offensichtlich (noch) nicht verstanden, dies in die Tat umzusetzen. Nun gefragt warum kam es nicht dazu?

V. Der Verlust und die Verwerfung der schön gewordenen Kultur in der Schöpfung auf dem Planeten Erde.

5.1. Die Gefahr der Vernichtung des Lebens.

Die Entwicklung der gesellschaftlichen Verhältnisse und der Beziehungen der Völker auf der Erde untereinander - insbesondere die der Industrienationen zu denen der sogenannten dritten Welt - lassen die Hoffnung auf Entfaltung einer gerechten und friedlichen Beziehung der Menschen auf dem Planeten Erde kaum noch aufkommen. Wie der Magdeburger Domprediger Pfarrer Uhle-Wettler feststellte ist – gerade jetzt im 21.Jahrhundert – der Mensch zur „gefährlichsten Schwachstelle der gesamten Schöpfung" geworden.

Aber, so schreibt der Prager Dialogphilosoph Milan Machovec[42]: „Eine Todesgefahr für unsere ganze Menschheit könnte nie durch den individuellen Willen eines Bösewichts entstehen; nur durch die Mittel der modernen Wissenschaft und Technik wurde so etwas möglich. Es ist denkbar geworden, durch den Krieg, aber auch durch die chemischen

---

42   Milan Machovec „Rückkehr zur Weisheit – Philosophie angesichts des Abgundes", Kreuz, 1988

und biochemischen Waffen die Menschheit mitten im Frieden zu vernichten, und zwar unauffällig." „Und dies ist nicht nur der Alptraum einer pathologischen Phantasie, sondern in Bezug auf etwas, gesellschaftlich und geschichtlich, Reales, in einer Orgie der Irrsinnigen am Rande des Abgrundes, " ...da ist „ein dunkles Ahnen, das gerade durch die erhöhte Überspanntheit der Freude etwas ... verdeckt werden soll."[43] „Wenn wir auf den bisherigen Wegen des Fortschritts weitergehen, wenn die Menschheit ihre Ziele und Methoden nicht sehr bald radikal ändert, wird alles Irdische spätestens in drei oder vier Jahrhunderten zugrunde gehen." „Die früher feinduftige Erde, welche die Visionäre noch vor kurzer Zeit durch eine Noosphäre umgeben sehen wollten, ändert sich schneller in einen Müllhaufen."[44]

So auch schon der italienische Manager und einstmaliger Verwaltungsdirektor des Schreibmaschinenkonzerns Olivetti sowie Mitbegründer des Club of Rome[45]; „Die Welt lebt bereits im Notstand; nur will das niemand wahrhaben[46]. Es sind keine Geister der Zukunft, die ich beschwöre, sondern ein Zustand, der bereits existiert. Wir gehen einer explosiven Interaktion aller unserer Sünden entgegen: der Sünden, die wir gegen unser geistiges und materielles Erbe begangen haben. Nach unseren Berechnungen geht es mit der Welt vor dem Jahre 2100 rapide abwärts. Tod und Entbehrungen werden auch bei uns Millionen Menschen erfassen. Da wir fünfzig bis hundert Jahre brauchen, um entsprechende Änderungen herbeizuführen, müssen wir handeln – sofort".

Doch selbst im Jahr 2019 handeln wir noch immer nicht rapide und durchgreifend genug. Ja, selbst diese Warnungen vor einem Kollaps werden abgelehnt und die Ängste um eine Klimakatastrophe (incl. Neuer Weltkriege) werden verlacht und ignoriert. Da fliegen den Menschen in der Welt die Hurrikane, Taifune und Orkane um die Ohren, Dörfer und Städte werden verwüstet, Menschen werden obdachlos, Dürreschäden führen zu Nahrungsmängeln Überschwemmungen lösen Trinkwasser und Hungersnöte hervor, durch ansteigendes Meerwasser gehen Lebensräume verlustig, Millionen von Menschen müssen ihre angestammten

---

43 Milan Machovec- Philosophie angesichts des Abgrundes" Kreuz-Verlag 1988, S. 11
44 A.a.O. S.12
45 So schon 1972 von Carl Amery zitiert in „Das Ende der Vorsehung – Die gnadenlose Folgen de Christentums"; ©bei Rohwolt –Verlag GmbH
46 Selbst 2019 noch nicht

Lebensgebiete verlassen und dennoch wird die Veränderung unserer Lebensmöglichkeit auf dem Planeten verleugnet. Was muss noch passieren, wann wird man je versteh'n?

Was ist geschehen oder wie ist das möglich?
Offenbar hat der Mensch zweierlei Erbschaften genetisch aus dem Tierreich mitbekommen und die bestimmen ihn. Neben den o.g. genetisch verankerten Empathie-Eigenschaften, hat er mutmaßlich in seinem (auch noch präsenten) Reptilgehirn daneben solche Eigenschaften geerbt, die ich oben mit „Ego-first" – „hier und jetzt" beschrieben habe. „... derselbe Mensch, der für das „Wohl" seiner Familie" und seiner Kinder fieberhaft und ohne moralische Kontrolle alles tut, meidet scheinbar aus denselben Gründen und ignoriert alles, was nicht nur das Wohl, sondern das bloße Überleben der Enkelkinder betrifft."[47]
Und gegen dieses auf den momentane Vorteil ausgerichtete Denken und Handeln, kommt das gefühlsbetonte und den Anderen im Blick habende Sinnen nicht so schnell an. Man kann den gutmeinenden, friedensgewillten und nach Gerechtigkeit strebenden Menschen keine Schuld in die Schuhe schieben, dass es noch immer keinen Frieden und keine Gerechtigkeit in der Welt gibt. Denn – wie Dorothee Sölle[48] sagt: „Natürlich sind die Mächte, gegen die wir antreten, auch ungeheuer stark: dahinter stecken Milliarden von Dollar, Millionen von Kanonen, Tausende von Generälen, die alle kein Interesse daran haben, dass die Welt, wie wir sie uns erträumen, real wird."
Und zwar aus dem besagten Grund: „Ego-first".
Bei Norbert Blüm[49] lese ich in seinem Buch „Aufschrei":
„Gegen den allesfressenden kalten Egoismus, der von moralischer Unempfindlichkeit geprägt ist, könnte eine Kultur des Mitleides eine erste Schutzmauer bilden." ... „Das Mitgefühl erhebt Einspruch gegen die Rücksichtslosigkeit der Übervorteilung des anderen. Mitleid, eine Stufe höher, gründet im Mitleben, ist also auch mit der Einladung versehen, die Welt mit den Augen des Mitmenschen zu betrachten."

---

47 Machovec a.a.o. S.14
48 A.a.O. S.252
49 Herder-verlag , S. 41

Nun müssen wir zunächst erst einmal die gravierendsten Symptome einer drohenden ökologischen und zivilisatorischen Katastrophe benennen[50]:

1. Der Klimawandel: Um den Temperaturanstieg auf 1,5 Grad zu begrenzen, müsste der weltweite CO_2- Ausstoß jährlich um 6% reduziert werden. Doch er steigt jährlich um 3%. Bleibt es bei dieser Entwicklung, könnte die Erdtemperatur am Ende des Jahrhunderts um 3-4 Grad gestiegen sein.[51] Um das zu verhindern, bleibt uns für unser Handeln ein Zeitfenster von ca. 10-15 Jahren.[52]

2. Das Artensterben: Seit 1970 ging die Zahl der wildlebenden Wirbeltiere weltweit um ca. 60% Prozent zurück. Besonders gravierend ist das Insektensterben; der Schwund dieser Insektenbiomasse liegt zwischen 40 und 80%. Damit verliert das Biosystem unserer Erde das wohl wichtigste Standbein seiner Stabilität und Fruchtbarkeit. Hauptverursacher ist die Chemisierung der Landwirtschaft.[53]

3. Hinzu kommt der Verlust an Wäldern, an Ackerland, an Trinkwasserressourcen und unwiederbringlichen Bodenschätzen, die Versauerung und Vermüllung der Meere, das weitere Bevölkerungswachstum.

4. Aus den Gefährdungen unter Punkt 1. Und3. Ergibt sich eine weitere Gefährdung, nämlich der Exodus von Hunderten von Millionen Menschen aus ihrer angestammten Heimat. Wenn heute nationalistische und patriotisch reaktionäre Kräfte aus Angst vor dem Verlust von Wohlstandssegnungen in den Industrieländern gegen die heutigen Flüchtlingsbewegungen in die Wohlstandsgebiete Sturm laufen, so sind das doch nur etwa 70 Millionen Flüchtlinge die derzeit auf Wanderung sind. Das ist aber nur eine Art Vorhut von Migrantenmassen, die sich in Bälde zu Zahlen von mehreren Hunderten Millionen Migranten aufschaukeln

50 Zitiert nach Bernd Winkelmann, Zwischenruf, Das Diktat einer drohenden Umweltkatastrophe. Den gesamten Zwischenruf als Anhang! www.winkelmann-adelsborn.de www.akademie-solidarische-oekonomie.de. Den gesamten originalgetreuen Zwischenruf wird hier als Anhang angefügt.
51   2 Jürgen Tallig: https://earthattack-talligsklimablog.jmdofree.co/
52   3 Weltklima-Sonderbericht: https://www.de-ipcc.de/256.php
53   4. UN-Bericht zum Artensterben 2019; www.bund-rvos.de/artensterben; www.nabu.de/news/2017/10/23291.html;

werden. Dieser Massenexodus wird hervorgerufen durch Hunger, Wassermangel, Dürre, Überschwemmungen, Hurrikane, Tornados und somit von Erscheinungen, die allesamt hervorgerufen werden und worden sind durch den ökologischen Raubbau an unserer Natur der Erde und der Gier von Menschen aus den Regionen der Industrieländer, die Raubbau an den Ressourcen von Land, Bodenschätzen und Arbeitskräften in den Ländern des Südens der Erde.

5. Die Vergiftung unserer Lebenswelt mit Pestiziden, Insektiziden, ja Bioziden aller Art und sogar mit Konservierungsmitteln, Füllmitteln, Schönungsmitteln, Antibiotika, Geruchs- und Geschmacksverbesserern usw. Die Vielzahl der unserer Umwelt beim Waschen, Zähneputzen, bei der Hautpflege, der Verpackung von Lebensmitteln, usw. ist so groß, dass man sie gar nicht alle auf einmal aufzählen kann. Und dennoch sind sie als sogenannte „endokrine Disruptoren" am physiologischen Verhalten von Mensch und Tier – und Pflanzen? - derart beteiligt, dass man heute weiß, diese Disruptoren wirken im Körper wie Hormone und beeinflussen als solche Pseudohormone unser Verhalten und unsere Gesundheit. Wir – und die Tiere - nehmen sie massenweise in uns auf, über die Haut, das Essen, das Trinken und sogar durch die Atemluft. Man sagt, dass wir ca. di Menge an Plaste einer Chipkarte pro Woche in uns aufnehmen. Was macht das aber mit uns als Lebewesen? Und nun noch weitere Gefahrenmomente.

6. Die atomare Verseuchung

54

---

54 Das Bild von Miloš Kurovsky, Prag, phantasiert das Ende der menschenbelebten Erde, die in einem Meer von letztem Dunst und vor dem Hintergrund der blauen Rest-Strahlung der Atomkatastrophe versinkt.

Die z.Zt. allergrößte Gefahr aber ist die Zuspitzung von Konfliktpotentialen bis hin zu atomaren Kriegen, d.h. bis zum atomaren Weltkrieg – infolge egoistischer, nationalistischer Wirtschafts- und Handelsauffassung, eben dem „Wir-first". Sollte es zu einem solchen atomar geführten Weltkrieg kommen, so könnte er mindestens ein ganze Generation auslöschen – eine Generation[55] von menschlichen Wesen ferner aber auch durch die Atomstrahlung werden noch „Käfer, Bäume, Mikroben, und was auch immer ausgerottet. Wenn man also das zeitliche Bindeglied zwischen einer Generation und der nächsten unterbricht; heißt es für immer: Spiel aus!"[56] D.h. das Leben auf dem Planeten Erde ist ausgelöscht, endgültig. Denn als Folge dieser atomaren Vernichtung käme es noch dazu zu einem sogenannten nuklearen Winter, zu Erdbeben und Vulkanausbrüchen. Das alles zusammen wird auch jegliches pflanzliche Leben auslöschen. Wir haben die „Selbstverbrennung"[57] des Lebens auf dem Planeten Erde vollbracht.

Um nichts weniger geht es, falls wir die uns aus der Abstammung zugeschanzten und dann in der kulturellen Entwicklung vernachlässigten Empathiewerte nicht erhalten und friedensfördernd zu nutzen wissen.

So scheint es nur eine Frage zu sein, auf welche Weise sich die Menschheit und das Leben auf dem Planeten Erde abschafft.

Entweder durch die „Selbstverbrennung"[58], wenn die Klimakrise die Temperatur auf der Erde so hoch treibt, dass zivilisiertes Leben nicht mehr möglich ist und abstirbt, oder durch das atomare Inferno, mit nuklearem Winter und allseitiger radioaktiver Verseuchung und Abtötung, oder durch die Selbstvergiftung mit Mitteln, die wir vermeintlich zur größeren Wohlstandsoption als Schönheits-, Desinfektions-, Konservierung- und Mittel zur landwirtschaftlichen Ertragssteigerung herstellen und verwenden.

Wenn ich von der Gefahr unter Punkt 4 . als von der allergrößten und besorgniserregendsten Gefahr spreche, so scheint es mir angemessen, dem Vorhaben oder der Inkaufnahme von Krieg das absolute Attribut

---

55   Experten sagen, mit dem Verlust des geistigen Eigentums von einer Generation geht das gesamte Wissen der Menschheit verloren.
56   So in dem Science-Fiction- Thriller „Oryx und Crake von M. Atwood (2003) bei Piper
57   So der Titel eines Buches von H.J. Schellnhuber ‚Potsdam
58   So ein Titel von Hans-Joachim Schellnhuber , bei Bertelsmann 2015

zuzusprechen „Krieg ist Verbrechen". Er steht im Gegensatz zu der Aufgabe, auf dem Planeten Erde Friede und Gerechtigkeit zu installieren.

Ich habe das einmal als einen mehrgliedrigen Beitrag zusammengestellt:

5.2. Verbrechen Krieg

Gemälde von Miloš Kurovsky, Prag

Dieser einmalige Planet beherberge mit dem Menschen, „als dem beachtlichsten und außerordentlichsten aller Ereignisse im Weltall" eine unersetzliche Schöpfung. In der Tat ist ja im menschlichen Geist die Materie so einzigartig beschaffen, dass sie sich selbst erkennen kann, dass sie in der Lage ist, geistigkulturelle Werte hervorzubringen, und selbst schöpferisch tätig zu sein vermag.
Milan Machovec[59]

5.2.1. Krieg löscht Menschheit aus?

Das muss man/frau sich auch einmal tiefsinnig/nachdenklich zu Gemüte führen, worüber der Prager Dialogphilosoph uns hier auffordert nachzudenken. Die Menschheit
- ob nun einmalig im Kosmos, oder als eine von wenigen Ausnahmen im sonst so physikalisch-materiell einseitigen und totem Universum –

---

59   So in „Sinn menschlicher Existenz", Tyrolia, Innsbruck 2004, S. 122

ist ein außerordentlich beachtenswertes
– wegen seiner unvorstellbaren Besonderheit im schöpferischen Universum – Ereignis, dass es kaum Worte geben mag dafür, dieses Ereignis könnte leichtsinnig vernichtet werden. Und am aller Unvorstellbarsten ist es, sich vorzustellen, dieses Ereignis „Menschheit" könne sich selbst – trotz seiner relativen Einmaligkeit ebenso wieder auslöschen. Dem zu begegnen in einer Zeit, in der diese Selbstauslöschung eine ziemlich reelle Möglichkeit darstellt, ist keine Frage der Moral an die Adresse derer, die mit dieser Möglichkeit spielen. Nein, es ist eine Frage des Sinnes, der Vernunft und der Leugnung jenes schöpferischen Geistes, der erst als dieses Ereignis aus der Evolution des Universums hervorgegangen ist. Dieser Prozess des Hervorbringens von Geist hat Milliarden von Jahren unserer Zeitauffassung benötigt. Er könnte aber in einem Zeitraum von einem Nachmittag abgebrochen und vernichtet werden. Schauen wir zunächst erst einmal daraufhin, wie wahrscheinlich ein solcher Abbruch der Evolution des Kosmos zu Geist und Kultur ist. Nach dem Elementarphysiker C. F. von Weizsäcker, der nicht nur schon mit der Möglichkeit eines Atomkrieges rechnete sondern uns ins Stammbuch schrieb, dass ein solcher Krieg mit den Möglichkeiten eben der Atombombe heute nicht mehr führbar sein kann/darf, wegen der völligen Selbstauslöschung der Menschheit. Und so warnt uns nun sein Sohn E.U. von Weizsäcker[60] in seinem Buch „Wir sind dran" (mit Anders Wijkmann) vor den Folgen eines durchaus wahrscheinlichen Atomkrieges (S. 64ff): „Eine weitgehend verdrängte Bedrohung sind die Atomwaffen... Sie sind für die menschliche Zukunft, ja die Zukunft des Lebens auf der Erde, eine sehr ernste Gefahr." „Verdrängt wird dabei auch die physikalische Erkenntnis, dass ein Atomkrieg zu einem nuklearen Winter führen könnte... und weite Teile des Lebens auslöschen würde." Unabhängig von der tatsächlichen Anzahl von ca. 14.000 Atomwaffen weltweit, „blieben immer noch etwa 2000 Atomwaffen ständig einsatzbereit, um innerhalb weniger Minuten durch einen Befehl gestartet zu werden, wodurch die Zivilisation an einem einzigen Nachmittag des atomaren Schlagabtausches zerstört werden könnte".

---

60 Zugleich Ko-Präsident des Club of Rome

5.2.2. Dreijährige womit und wie spielen sie?

Da gibt es im US-amerikanischen Regierungsmodus um den Präsidenten eine Sicherheitsrückversicherung. Sogenannte „Erwachsene" haben die Aufgabe, den jeweiligen Präsidenten zu beraten und zu beaufsichtigen, falls er einmal eindeutige Fehlhaltungen an den Tag legen sollte. So nun auch bei Präsident D. Trump, wie eine neuerliche Pressemeldung verbreitet. Diese „Erwachsenen" seien diesmal drei Generäle. Sind das die richtigen „Aufpasser"? Jedenfalls hat sich wohl einer dieser drei einfallen lassen, den Bewusstheitsgrad seines Präsidenten einzuschätzen. Das Ergebnis[61]: er hätte die „Reife eines Dreijährigen".

Was machen Dreijährige, womit und wie spielen sie? Bei schönem Wetter im Sandkasten mit einem Schippchen in der Hand. Und manchmal gibt´s Streit „um den Sand"(?). Dann kommt es vor, dass der eine dem anderen das Schippchen über den Kopf schlägt. Auhh! und Och!!. Aber außer so einem Schippchen würde man einem solchen dreijährigen Knirps keine gefährlicheren Handwerkszeuge in die Hand geben. Doch keinesfalls Atomraketen!

Aber was nun, wenn es dreijährige Herangewachsene gibt und man hat ihnen Atombomben in die Hand gegeben? Kann das gut gehen? Haut der Eine dem Anderen dann diese A-Bombe über den Schädel und der Andere schlägt zurück? Bleibt da noch etwas von „Menschheit" am Ende übrig?

Aber gibt es denn in dieser Welt solche Dreijährige mit Atomraketen? Wenn ja, warum lassen wir sie dann mit diesem „Spielzeug" spielen? Doch was kann man machen? Passen da die Kindertanten, die „Erwachsenen", nicht auf und nehmen ihnen das schöne Spielzeug weg, von dem der[62] einst gesagt haben soll: „Wenn wir Atomwaffen haben, warum setzen wir es dann nicht ein?"

„Jonathan Granoff vom Global Security Institute stellte einmal fest: Wenn weniger als 1% der 14.000 Atomwaffen in den Arsenalen der Welt explodieren würden, träten bereits Folgen von der Art des nuklearen Winters, ein, mit katastrophalen Folgen für die Landwirtschaft, grausigen Strahlenkrankheiten und der Unbewohnbarkeit weiter Landstriche.

---

61 Quelle: Evan Vucci /AP/dpa
62 Trump

Schon der Schlagabtausch zwischen zwei Atommächten, z.B. Pakistan und Indien könnte zum Ende der menschlichen Zivilisation führen. Wieviel rascher und schrecklicher käme das Ende nun im Falle eines großen Erstschlages – mit dem darauf folgenden Zweitschlag - seitens Russlands oder der USA."[63]

Weitere Warnungen in neuerer Zeit blieben nicht aus. So schreibt der 92-jährige renommierte SPD-Politiker Dr. Erhard Eppler in seinem neuesten Buch „Trump - und was tun wir? - der Antipolitiker und die Würde des Menschen": „Der »Amerika-first-Nationalismus», konsequent bewerkstelligt von der Weltmacht Nr.1 kann durchaus den Frieden gefährden." (S.19) Und „ein neuer kalter Krieg macht die Welt nicht sicherer" (S.22). Dabei muss die nun eine folgende Schlussfolgerung akzeptiert werden. Denn Eppler schreibt: „dass die Natur, wo nicht gerade Granaten den Boden umgepflügt hatten, und die so gänzlich unversehrt war, hatten Soldaten, die sich im Frühjahr 1945 nach Hause durchschlugen, Mut gemacht. Man konnte noch einmal von vorn anfangen. Und das geschah dann auch." Eppler suggeriert damit ein Szenario, was geschähe, wenn es zu einem dritten Weltkrieg käme. Erstens gäbe es kaum nennenswerte Soldaten, die heimkämen und atomar wäre nicht nur der Boden „umgepflügt", sondern gänzlich verseucht und unbrauchbar für den Anbau von Lebens- und Nahrungsmitteln.

Ja, solch neuer (atomarer) Weltkrieg könnte, wie schon gesagt, mindestens ein ganze Generation auslöschen – eine Generation von menschlichen Wesen und durch die Atomstrahlung noch „Käfer, Bäume, Mikroben, und was auch immer. Wie oben Seite 54 gesagt.

Nun könnte keiner mehr von vorn anfangen, ja, es gäbe nicht einmal jemand für den man dies tun könnte oder sollte. Und generalisiert heißt das aber auch: „Politik hat immer mit Leben und Tod zu tun, Politikversagen bedeutet so immer den Tod für unzählige Menschen oder nun gar den allgegenwärtigen Tod des Lebens auf der Erde. Alle müssen sterben, wenn Politik in den Krieg führt oder den Staat zerfallen lässt"(s:85). Eppler sucht somit nach den Ursachen, die der Politik gestatten, überhaupt Krieg zu führen. Er findet die Begründung schon im Westfälischen Frieden von 1648 in dem ein „fast unheimliches Recht dem Staat oder dem Herrscher eingeräumt wurde, das >jus ad bellum<.

63 granoff@gsinstitute.org, 16. 12.2016

5.2.3. Nürnberger Kriegsverbrechertribunal

Zwar gab es später einen praktischen Widerstand und einen Fakt, der mutig genug war dieses „Recht „auszumerzen. So „hat ein Gericht (u.a. mit den USA) in Nürnberg im Jahr 1946 Politiker und Generäle zum Tode verurteilt, auch weil sie den 2. Weltkrieg durch den Angriff auf Polen begonnen hatten. Aber ausgerechnet ein amerikanischer Präsident hat 2003 mit erlogenen Begründungen den Irak angegriffen und damit das bis heute anhaltende Chaos im Nahen Osten ausgelöst. Dass ein amerikanischer Präsident damit auch das Nürnberger Tribunal abgewertet hat, ist bisher kaum bemerkt worden „(S.117f). Eppler ist so erschüttert, dass er mit der amerikanischen Politologin Wendy Brown, das befürchtete kommende Geschehen eines Krieges mit der Frankenstein-Legende vergleicht, nach der dieser Forscher Frankenstein in gutem Glauben nur einen sog. fortschrittlich technologischen Versuch (in Ausweitung der Prager Golem-Schöpfung) gestartet zu haben, aber tatsächlich ein Ungeheuer schuf, das diesen Frankenstein und die ganze Familie des Wissenschaftlers und alles Menschliche um sich herum tötete, sich selbst zuletzt. Der sogenannte Fortschritt hatte zum Tod geführt. Daraufhin resümiert Eppler: „Und dann kann ein Urgroßvater mit politischer Erfahrung das vertrauensvolle Lächeln seiner Urenkel, · dieses Strahlen der „Geborgenen", nicht mehr ertragen. Darum hat er dieses Buch geschrieben" (S. 121).

Mir als Autor dieses Büchleins genügte schon das Erleben des Grauen des 2. Weltkrieges, um es gleich Eppler zu empfinden. Für unser Wohlergehen (wegen unserer wirtschaftlichen Interessen) und/oder die Rendite schlachten wir unsere Jugend auf dem Schlachtfeld der Ehre.

5.2.4. Trump - und was tun wir?"[64]

Und nun muss sich Eppler bemühen, die Ursachen herauszufinden, die die Politik und ihre Repräsentanten bewegt, sich dieses „jus ad bellum" zu bedienen, bis hin zur Begründungen, die auf Lügen und Propaganda aufgebaut sind. Um einen der gefährlichsten Spieler in diesem Kriegs-

---

64 Neuestes Buch von Dr. Ehrhard Eppler

spiel zu benennen wird er nicht müde, die Argumentationen und sporadischen Meinungen des amerikanischen Präsidenten aufzudecken. Dabei kommt er zu der beunruhigenden Feststellung, dass dieser Präsident gar kein Politiker ist und auch nicht beabsichtigt, Politik zu erlernen, sondern, dass er rein nur ein Ökonom ist und nur als solcher handelt und handeln will. Dabei geht es ihm nicht einmal um eine weltweite ausgewogene Wirtschaft und einen globalen Markt, lediglich um ein Geschehen, das er einen >good deal< nennt, also lediglich ein Handeln allein in wirtschaftlichem Interesse der USA: „Amerika first!" Das neoliberale Dogma ist bei ihm um einen uneingeschränkten Nationalismus angereichert worden, den er mit aller Macht populistisch durchzusetzen bereit ist, ohne Rücksicht auf einstige oder notwendig zu findende Bündnispartner. Wenn von ihm so die „vereinigten Staaten in Europa" als ökonomische Gefahr wahrgenommen werden .... dann passt das nicht (einmal) zu den gegenseitigen Verpflichtungen der NATO."(S.25).

Das führt u.U. dazu, dass Europa "auf eigene Füße zu stehen kommen muss".. . Aber das sollte "im besten Falle zu einer reformierten NATO führen, einer NATO aus zwei gleichberechtigten Säulen, einer amerikanischen und einer europäischen." Und „ein Wettrüsten zwischen Europa und Russland wäre unsinnig". Damit ergibt sich für die renovierte NATO auch ein neuer Status in Bezug auf das Sicherheitsverhalten, das aus dem (Verhalten) der militärischen Sicherung in das einer zivilen Sicherheitspolitik reorganisiert werden muss, wie es das Positiv-Szenario[65] der Badischen Landeskirche in ihrem Buch „Zivile Sicherheitspolitik- Sicherheit neu denken- von der militärischen zur zivilen Sicherheitspolitik – Ein Szenario bis zum Jahr 2040"[66] vorgestellt hat.

„Im 21. Jahrhundert gibt es" nun „kein deutsches Interesse, das schwerer wiegt als die Erhaltung des Friedens."(S.25). Damit hat Deutschland ein gesteigertes Interesse: „Die NATO zu reformieren, mit Russland so etwas wie einen europäischen Friedenspakt auszuarbeiten, in welchem auch die jammervoll heruntergewirtschaftete Ukraine einen Platz findet, und der ihr eine neue Chance gibt."(S.26)" Im Kalten Krieg war Westeuropa ganz gerne ein amerikanischer Brückenkopf. Jetzt hat die Europäische Union ein Interesse an einer friedlichen Beziehung zu Russ-

---

65 Weiter unten besprochen!
66 Bei Arbeitsstelle Frieden bei der Badischen Landeskirche

land und Russland hat ein Interesse an wirtschaftlicher Zusammenarbeit mit Europa." „Denn auch ein Wettrüsten zwischen Europa und Russland wäre unsinnig. Dass Putin vor allem seine Marine modernisieren und stärken will, deutet nicht darauf hin, dass er Europa donauaufwärts erobern will, sondern dass er weiter in Syrien unter den großen Mächten mitspielen will."(S. 25). Was soll also die permanente Bedrängung Russlands mit immer weiter vorrückenden NATO-Verbänden an die russische Grenze durch die NATO und forcierter Bildung von Einsatzverbänden zur „angeblichen Verteidigung" gegen Russland?" Denn „auch Michael Gorbatschow hat schließlich in die NATO- Mitgliedschaft Deutschlands nur eingewilligt, weil er in Deutschland einen Partner für die Zukunft sah."(S. 24f). Eppler kommt zu dem Schluss, dass ein Krieg „möglich ist ...nach wie vor. Ihn nicht zu verhindern – und damit ein Inferno ungeheurer Schrecklichkeit zu schaffen, wäre daher ein Politikversagen, das die Fehlentscheidungen von 1914 weit übertrifft."(S. 118).

5.2.5. Das Verteidigungsbündnis der NATO oder was wir dafür hielten.

1989 /1990, die Opposition in der DDR war sich der Gängelei durch die SED-Nomenklatura überdrüssig und hielt die zunehmend wirtschaftliche Schwäche gekoppelt mit Umweltzerstörung nicht mehr für tragfähig. Die SED-Führung war an ihrem falschen Menschenbild gescheitert und konnte die Macht nicht mehr aufrechterhalten. Andere politische Gruppierungen drängten in die politische Verantwortung und damit aber auch in das weltpolitische Kalkül. Die DDR war militärisch eingebunden in das Bündnissystem des Warschauer Paktes, dem im Westen die NATO gegenüber stand. Der Warschauer Pakt – eine im Westen gebräuchliche Bezeichnung, im offiziellen Sprachgebrauch der Teilnehmerstaaten Warschauer Vertrag genannt – war ein von 1955 bis 1991 bestehender militärischer Beistandspakt des sogenannten Ostblocks unter der Führung der Sowjetunion. Mit dem Fall des Eisernen Vorhangs begannen die strengen Strukturen des Warschauer Paktes zunehmend zu erodieren, woraufhin sich dieser 1991 offiziell auflöste. Mit der sowjetischen Zustimmung zur Wiedervereinigung[67] Deutschlands 1990 wurde endgültig klar, dass Frei-

---

67 Besser eigentlich Neuvereinigung

heitsbestrebungen in den anderen Warschauer-Pakt-Staaten auch nicht mehr gewaltsam unterdrückt werden konnte. Daraufhin begannen die anderen Mitgliedstaaten, auf einen Abzug der sowjetischen Truppen aus ihren Ländern und auf die Auflösung des Warschauer Pakts zu drängen. Obwohl die sowjetische Führung eine gleichzeitige Auflösung von NATO und Warschauer Pakt bevorzugt hätte, gab sie schließlich nach. Zuvor schon gab es im Artikel 11 des Vertrages das Bestreben, dass für den Fall des Abschlusses eines kollektiven Sicherheitspaktes für ganz Europa der Vertrag seine Gültigkeit verlieren sollte.

Mehr noch, schon während des KSZE-Gipfeltreffens vom 19. bis 21. November 1990 in Paris, gaben die Staaten der Warschauer Vertragsorganisation und der NATO eine Gemeinsame Erklärung ab, in der sie ihre frühere Verpflichtung zum Nichtangriff bekräftigen. Sie definieren sich gegenseitig nicht mehr als Gegner, sondern als Partner, die gewillt sind „einander die Hand zur Freundschaft zu reichen". Die Erklärung schließt sich an den im März 1989 in Wien ausgehandelten KSE-Vertrag an. Auf der Konferenz wurde auch die Charta von Paris unterzeichnet, ein grundlegendes internationales Abkommen über die Schaffung einer neuen friedlichen Ordnung in Europa nach der Wiedervereinigung Deutschlands und der Einstellung der Ost-West-Konfrontation. Als es dann zur Neuvereinigung[68] in Deutschland kam, stand auch die Bündnisfrage auf dem Tagesplan. Im DA[69] hatten wir eine feste Meinung zu dieser Bündnisfrage, die ich in meinem Buch „Gebeugter Rücken – Aufrechter Gang" wie folgt aufzeichnete:

„Von deutschem Boden soll in Zukunft Freiheit und Frieden ausgehen und niemals wieder Krieg. Deshalb müssen wir weitere Abrüstung erreichen. Das muss so geschehen, dass keiner den anderen übervorteilt.

Auf diesem Wege allein wird es möglich sein, ein Europa ohne Waffen und also auch ein Europa ohne Angst zu bauen. Dann werden eines Tages die militärischen Bündnisse überflüssig sein. Dann werden Warschauer Pakt und NATO vielleicht die größten Freiheits- und Friedensbewegungen in der Geschichte werden können."

---

68   Das ist der bessere Ausdruck anstatt von Wiedervereinigung!
69   DA= Demokratischer Aufbruch, eine Bürgerbewegung und Partei

Also bis zu „eines Tages" dann doch Einbindung in die NATO, weil der DA dachte, dass es unverantwortlich sei, Deutschland in einem bündnisfreien Raum zu belassen, damit nicht wieder in Alleingängen von Deutschland her militärische Gewalt ausginge Dies wurde uns umso leichter als in den 2+4-Gesprächen ziemlich eindeutige Vorstellungen herrschten:

„Der Ost-West-Konflikt schien sich infolge der friedlichen Revolution in der DDR, und dann in den anderen Satellitenstaaten der Sowjetunion, auf eine friedliche Weise aufgelöst zu haben. Es war geradezu die Annahme einer Folgerichtigkeit der friedlichen Revolution, dass sich jetzt ebenfalls die Völker in Ost und West friedlich und kooperativ in Konfliktsituationen einigen und aussöhnen würden. Hatte doch der Generalsekretär der SU Michael Gorbatschow dafür gesorgt, dass, gewissermaßen vorwegnehmend, die Umgestaltung[70] in den östlichen Staaten (die zum Einfluss- und Beherrschungsbereich der SU gehörten) ohne militärischen Einsatz oder Niederschlagung also friedlich zugelassen wurde."

Und die Bündnisfrage wurde dann in den 2+4-Verhandlungen auch ziemlich einvernehmlich behandelt, wie ich im o.g. Buch vermerkte:

„Eine insgeheime, vertrauliche Grundannahme lag allen Verhandlungen, die zur deutschen Einheit führten - als das no-go einer „Osterweiterung" - zugrunde."

Und das kam nach und nach so zum Ausdruck an die interessierte Öffentlichkeit:

„Schon ab 1997 forderten mehr als 40 ehemalige Senatoren, Regierungsmitglieder, Botschafter, Abrüstungs- und Militärexperten ihre Bedenken gegenüber der geplanten Osterweiterung der NATO und forderten ihre Aussetzung. Zu den Unterzeichnern gehörten der Verteidigungsexperte des Senats Sam Nunn, Gary Hart, Bennett Johnston, Mark Hatfield, Gordon J. Humphrey, sowie die Botschafter in Moskau Jack Matlock, und Arthur Hartmann, außerdem Paul Nitze, Reagans Abrüstungsunterhändler, Robert Mc Namara, Verteidigungsminister a.D., Admiral James D. Watkins, ehemals Direktor des CIA, Admiral Stansfield Turner, Philip Merrill und die Wissenschaftler Richard Pipes und Marshall D. Shulman. Der Brief bezeichnet die Beitritts-

---

70   russisch Perestroika = Umstrukturierung

angebote der NATO 1997 als „politischen Irrtum von historischen Aus-maßen".

Immer wieder erhebt sich die Frage, ob es während der Verhand-lungen zur deutschen Wiedervereinigung im Rahmen des Zwei plus Vier-Vertrages Zusagen an die Sowjetunion gegeben habe, die NATO nicht nach Osten zu erweitern und ob etwaige Zusagen durch westliche Politiker ggf. gebrochen worden seien.

„Fest steht: Ein zunächst geheim gehaltener und 2009 veröffent-lichter Aktenvermerk über eine Äußerung Genschers vom 10. Februar 1990 zum sowjetischen Außenminister Eduard Schewardnadse lautet:

BM (Bundesminister Genscher): „Uns sei bewusst, dass die Zuge-hörigkeit eines vereinten Deutschlands zur NATO komplizierte Fragen aufwerfe. Für uns stehe aber fest: Die NATO werde sich nicht nach Osten ausdehnen."

Und Schewardnadse merkte dazu an:

„Anfang 1990 bestand noch der Warschauer Pakt. Allein die Vor-stellung, die Nato würde sich auf Länder dieses Bündnisses ausdeh-nen, klang damals vollkommen absurd."

Und auch James Baker erklärte am 9. Februar 1990 im Kathari-nensaal des Kremls in Bezug auf Deutschland:

„Das Bündnis werde seinen Einflussbereich nicht einen Inch wei-ter nach Osten ausdehnen, falls die Sowjets der Nato-Mitgliedschaft einem geeinten Deutschland zustimmten".

Am 9. Februar reiste Baker zu Gesprächen mit Gorbatschow und notierte als Ergebnis der Gespräche:

„Endergebnis: Vereintes Deutschland verankert in (polit.) veränder-ter Nato – deren Jurisdiktion, sich nicht ostwärts verschieben würde?"

Baker hinterließ Kohl für seinen anstehenden Besuch einen gehei-men Brief, in dem er das Gespräch mit Gorbatschow genauer beschrieb. Er hatte dort gefragt:

„Wäre Ihnen ein vereinigtes Deutschland außerhalb der NATO, unab-hängig und ohne US-Streitkräfte lieber, oder würden Sie ein Deutsch-land im Rahmen der Nato bevorzugen, begleitet von der Zusage, dass sich die Jurisdiktion der NATO nicht einen Zentimeter ostwärts von ihrer jetzigen Position bewegt?"

Gorbatschow antwortete:
„Jedwede Ausdehnung der Nato wäre sicherlich inakzeptabel."
Das war also die insgeheime und vertrauensbildende Vorwegnahme einer Ansicht, dass das oft als das kriegsbereit bekannte Deutschland eingebunden in ein westliches Verteidigungsbündnis sicherer zu betrachten sei, als im Alleingang in Europa. Vorausgesetzt wurde dabei die Beteuerung in Gesprächen, die NATO wäre ein reines Verteidigungsbündnis und würde sich nicht angriffslustig gegenüber Russland verhalten.

Um diese Option eines reinen Verteidungsbündnisses zu untermauern hatten wir vom DA ein Grundprinzip erarbeitet, wie sich militärische Bündnisse in Bezug zum Frieden der Völker zu verhalten hätten. Wir stellten einen Maßnahmeplan für solche Militärbündnisse im/und hinsichtlich des Friedens auf. Das hätte eine sehr einschneidende Umgestaltung auch der NATO nach sich gezogen:

Die NATO ganz neu:
Hier die Anforderungen dazu
1. *Verzicht auf (neue) Atomwaffen*
2. *Umrüstung der Streitkräfte, mit Waffen, die das Territorium wirksam schützen, aber zu einem Angriff über die Grenzen untauglich ist,*
3. *Verbot von Rüstungsexporten an dritte Länder und parlamentarische Kontrolle dieses Verbotes aus ethischen und Sicherheitsgründen.*
   Zu der Umrüstung auf reine Defensivsysteme, die nicht einmal die Möglichkeit des Präventivkrieges in sich bergen, ist folgendes zu erklären: Panzerverbände bilden z. B. eine vorwiegend im Angriff einsetzbare Waffe, sie sind aber in der Verteidigungsstellung fast unbrauchbar. Hier würde eine Umrüstung bedeuten, von der Panzerwaffe zur Panzerabwehr zu gelangen. Besonders die zielsuchenden Waffensysteme kleiner Reichweiten bieten gegen einen solchen Panzerangriff eine Verteidigungswaffe, die aber kaum offensiv verwendbar ist. Eine weitere Maßnahme könnte die Schaffung kleiner, leichter, mobiler Technokommandos mit Panzerabwehrwaffen, Sperrmitteln (Minen) und leichten Infanteriewaffen sein. Diese Kommandos sind/würden schon im Frieden eingeteilt und könn(t)en ihr Gebiet unabhängig vom Funktionieren der Abschreckung oder dem Zerreißen der Kommando-

zentrale des Landes verteidigen. Es ist das Modell des Guerillakrieges.
Diese Dezentralisierung der militärischen Operationsbasen schafft
zum einen den Vorteil, dass ein angreifender Gegner keine Ziele findet,
auf die er eine größere Feuerkraft einsetzen kann, aber einem angrei-
fenden Gegner überall genügend Risiken schafft. Eine solche dezentra-
lisierte Streitmacht kann den Vormarsch des Gegners verhindern, ohne
zu einem Angriffskommando formiert werden zu können. Es geht also
um Konzepte der Heimatverteidigung[71], in die zweifelsohne auch Kom-
ponenten der zivilen oder sozialen Verteidigung mit einbezogen werden
können; solche wie passiver Widerstand bei Besetzung, gewaltfreie
Aktion usw. Zur Umrüstung gehören aber auch noch solche Maßnah-
men wie Änderung strategischer Positionen. z. B. kann eine bis an
die Grenze vorgezogene[72] Position lediglich noch der "Vorwärtsvertei-
digung" dienen, denn für rein defensive Zwecke müsste die Verteidi-
gungslinie wenigstens ca. 200 km hinter der Grenze liegen.

Wie man sieht, hatte der DA damals schon eine ziemlich klare Vorstellung, unter welchen Umständen einem Militärbündnis die Berechtigung
zugesprochen werden kann, reines Verteidigungsbündnis zu sein.

Wie sich die NATO aber in letzter Zeit gebärdet/herausbildet – indem
sie immer bedrohender der russischen Grenze zu nahe rückt, wie sie
die Verteidigungsmaßnahmen permanent erhöht, ohne dass dies einer
Umrüstung auf die o.g. reinen Defensivausrüstungen dient, wie sie sogar
bereit ist, die atomare Ausrüstung zu ergänzen und strategisch aufzu-
rüsten – gibt zur Besorgnis Anlass, wenngleich klar ist, dass kriegerische
Maßnahmen heute nicht mehr atomar geführt werden können/dürfen
ohne die Vernichtung unsrer menschlichen Zivilisation heraufzubeschwören, dies alles gibt der Befürchtung Raum, dass diese NATO heute
nicht mehr beruhigt als Verteidigungsbündnis mit defensivem Charakter
anzusehen ist. Von einer Sicherheitsinstitution für die westliche Freiheit
und Rechtsstaatlichkeit ist sie zu einem höchst gefährlichen Risikofaktor
für den Frieden in der Welt geworden.

Ich möchte hier die kühne Behauptung aufstellen, dass die bisherigen

---

71   2014: Dieses Konzept ist mit der Umgestaltung der Bundeswehr von der Heimatverteidigungs-
armee zur internationalen Eingreiftruppe (für u. U. wirtschaftliche Interessensicherung) schon unter-
laufen
72   Das aber ist die momentane nicht der einer Verteidigung dienende Strategie der NATO

Finanzmittel für die NATO nicht nur zur ausreichenden Sicherheit Europas ausreichen würden, sondern sogar reduziert werden könnten, falls die militärischen Mittel für eine Defensivstrategie mit Defensivbewaffnung neu und anders eingesetzt würden. Experten sollten das einmal nachrechnen! Aber die Militärausgaben dienen ja eher der „Gesundung der Rüstungsindustrie" (O-Ton von Frau von der Leyen!) als der Sicherheit Europas.

Nun müssen sich die westlichen Staaten ⊠⊠ insbesondere die Staaten Europas ⊠ entscheiden, ob sie es für möglich halten, dieses Bündnis zu einem Defensivbündnis zu reorganisieren. Oder ob sie der US-Administration ihre Teilnahme an einem solchen Nordatlantischen Bündnis aufkündigen sollten mit der Maßgabe, dass dann auch alle Zusagen für den Aufenthalt von Militärverbänden, -Einrichtungen und die Lagerung und Einsatzfähigkeit von insbesondere Atomwaffen zurückgezogen werden. Die USA müssten dann alle Waffen von europäischem (oder deutschem) Boden zurücknehmen und alle Militärverbände abziehen. Deutschland zumindest wäre dann erst wirklich frei von ausländischem Militär, nachdem die Russen schon zuvor vollständig abgezogen sind .Die militärischen Strukturen des Warschauer Bündnisses wurden schon am 31. März 1991, der Warschauer Pakt hierzu selbst am 1. Juli 1991 offiziell aufgelöst. In Deutschland blieb auf dem ehemaligem DDR-Gebiet die sowjetische (ab 22. Dezember 1991 die russische) Westgruppe der Truppen nur noch bis Ende Oktober 1994 stationiert. Und spätestens ab dem 29. Juni 1991 waren dann offiziell in Deutschland keine sowjetischen Atomwaffen mehr stationiert, im Gegensatz zu den ca.22 Atomsprengköpfen[73] auf dem Fliegerhorst Büchel, die sogar von der USA-Administration zum Transport an die Bundeswehr übergeben und auch deren Abwurf befehligt werden kann.

Die Magdburger Volksstimme veröfffentlicht dazu einen Kommentar und eine Leserstimme:

---

73 die neuerdings sogar militärisch nachgebessert werden sollen

Nato auf dem falschen Weg

Alois Kösters
zum Nato-Gipfel
in Brüssel

Schon das Zwei-Prozent-Ziel der Nato ist so absurd wie überhaupt die Kopplung der Militärausgaben an das Bruttoinlandsprodukt. Wirtschaftsaufschwung garantiert dabei Aufrüstung. Ergebnis: Deutschland hätte höhere Militärausgaben als Russland, wäre die viertgrößte Militärmacht der Welt. Während ein bedrohtes Land wie Südkorea ohne ein vergleichbares Militärbündnis weniger ausgibt als aktuell Deutschland.

Donald Trumps Kritik an deutsch-russischen Energiegeschäften ist absurd. Sie fördern den Frieden mehr als eine allgemeine Aufrüstung.

Wenn Nato und die Führungsmacht USA, die in den vergangenen Jahren eindrucksvoll gezeigt haben, wie man ein Drittel der weltweiten Feuerkraft mit größter Unvernunft zum Einsatz bringen kann, auf einem falschen Weg sind, dann ist es Zeit, grundsätzlich über die Sicherheitsarchitektur in der EU nachzudenken, die die zweitgrößte Militärmacht der Welt ist.

Es geht um Krieg oder Frieden

Zum Thema „US-Konvoi fährt Richtung Russland": Habe ich alles richtig gelesen? Marschkolonnen der US-Armee starten von Deutschland aus in Richtung Russland? Mir wird eiskalt - wir schreiben doch das Jahr 2018 und nicht 1941 - oder?! Wer wird nun in Zukunft für das Ergebnis dieser eindeutigen Feindseligkeiten, die in einem Inferno enden könnten, verantwortlich gemacht? Das kann ja dann wieder nur Deutschland sein, denn hier sind sie losgefahren, die Besatzer des letzten Desasters. Die Russen sind nach Hause abgezogen, die Amerikaner aber nicht. Die haben ihre Position immer weiter nach Osten ausgedehnt. Nun wollen sie offenbar noch weiter Richtung Osten.

Das Schlimme ist: Das alles geschieht mit ausdrücklicher Genehmigung unserer „Volksvertreter". Mich vertreten sie jedenfalls damit nicht! Ich freue mich über die Bautzener Polizei, die diesen kriegstreiberischen Transport gestoppt hat. Besser wäre gewesen, sie hätten den Konvoi dahin geschickt, wo er hergekommen ist - besser noch bis in die Vereinigten Staaten.

Wo bleiben eigentlich die Stimmen der immer aufgeregten Gewerkschaften, Kirchen, von der Antifa und den vielen anderen? Es geht um nichts Geringeres als um Krieg, diesmal sogar mit Atomwaffen, oder Frieden!

5.2.6. Verurteilung von Krieg als vernunftwidrig dumm und verbrecherisch

Wenn nun Krieg den Sinn und das Ziel der Schöpfung und ihres natürlichen Zustandes in der Entwicklung auf dem Planeten Erde bis hin zum geistbegabten Menschen und seiner Kultur zunichtemacht , dann ist der Krieg nicht nur unmenschlich, sondern zugleich auch vor Gott und der Geschichte unsinnig, sinnlos und absolut vernunftwidrig. Die Vernunft, die uns in dieser Schöpfung und durch die Evolution darin zugewachsen ist, wird in sinnwidriger Weise ausgelöscht und das Lebensrecht der Enkel, Urenkel und Ururenkel wird verbrecherischerweise negiert und vernichtet. Das ist ungeheuerlich!

Apropos Enkelgeneration. Jeder Krieg überlässt auch noch Jahre nach dessen Beendigung Gefahren und Drangsal den Nachgeborenen. So höre ich heute (18.08.2018), dass in Magdeburg – wegen einer Fliegerbombe aus dem 2. Weltkrieg – nach 73 Jahren 5000 Menschen aus der Altstadt evakuiert werden müssen, bis zur Entschärfung oder der Sprengung dieser Bombe. Wobei schon das Wort Evakuierung schlimme Gefühle aus der Weltkriegszeit weckt.

5.2.7. Atombomben Atomkrieg Sicherheit

Auge um Auge, Zahn um Zahn... Da sicherste Mittel um die ganze Menschheit blind und zu zahnlosen Mümmelgreisen zu machen. Sicherheit durch Atombomben. Da ist eines ganz sicher. Nach einem Atomkrieg mit 14.000 Atombomben weltweit gibt es sicherlich keine zivilisierte Menschheit mehr.

Da gibt es doch aber tatsächlich Menschen, sogar mit Professorentitel, die eine solche Zukunft fordern und damit Deutschland auffordern, mit eignen zusätzlichen Atombomben an diesem Unsinn teilzunehmen. Wer in früheren noch etwas geistvolleren Zeiten solches zum Besten (zum Schlechten) gab wurde unweigerlich in einer geschlossenen psychiatrischen Einrichtung zwangsverwahrt.

Atomkrieg? Das ist nicht einmal mehr Krieg und gehorcht keinerlei militärischen Doktrinen mehr. Diese waren einmal eine Übung, nach der man mit militärischer Gewalt und Mitteln gegen einen Angreifer und dessen militärische Einsätze, Materialien und Menschen vorging und versuchte so, diesen Angreifer in seinen militärischen Dimensionen zu vernichten. In einem Atomkrieg jedoch wird keine solche Militär- und Angreiferformation getroffen, sondern nur noch ausnahmslos das Gebiet und die Bevölkerung des „ausgemachten" Feindes. Es gibt dabei keine Sieger mehr, nur noch ausgelöschtes Leben, tote Erde gebietsweit. Denn über wen soll denn da ein Sieg gefeiert" werden? Es gibt ja dort niemand mehr. Und fraglich ist, ob es auf der vermeintlichen „Siegerseite noch frohlockende „Sieger" gibt. Der Krieg als Krieg hat sich ad absurdum geführt und das (menschliche) Leben auf dem Globus Erde unmöglich gemacht. Ob es neben der ausgelöschten Menschenzivilisation dann noch anderes Leben geben wird, ist dazu noch sehr fraglich. Denn nicht nur die Atomkrieger sorgen für den Tod des Lebens. „Gaia", die sich meteorologisch und geologisch ins ökologische Gleichgewicht gesetzte Erde, wird sich ebenso an diesem Unsinn beteiligen: Tsunamis, Erdbeben, Sandstürme, Überschwemmungen, nuklearer Winter und Vulkanausbrüche werden diesen 14.000 Atomexplosionen (stärker als Hiroshima) folgen.

Die Menschheit hat die Sicherheit gewonnen, das Leben auf der Erde ausgelöscht zu haben. Darum ist Krieg ein Verbrechen!

Nun müssen wir aber mit dem o.g. Positivszenario zusammen überlegen, was zu tun ist, um diese sinnlose, inhumane und verbrecherische Vision zu überwinden.

5.2.8. Militarisierung und Migrationsabwehr in Europa[74]

„Europa quo vadis?

Mit schwindelerregender Geschwindigkeit baut die europäische Union, Friedensnobelpreisträgerin von 2012, zurzeit menschenrechtliche Standards ab und Grenzzäune auf..... Zeitgleich verstärken Deutschland und die EU ihre Kooperation mit nordafrikanischen Despoten, deren Armeen und Polizeikräfte für die EU Flüchtlinge stoppen sollen. ... Die Zeichen

---

74 Von Richard Klasen in Forum ZDF-Magazin 03/18

stehen auf Abschottung und den Ausbau des Militärs. ...Während die Entwicklungsfinanzierung medial kaum eine Rolle spielt, beherrscht die Diskussion um eine massive Erhöhungen der Verteidigungs-[75] ausgaben seit dem Amtsantritt des US-amerikanischen Präsidenten Donald Trump regelmäßig die Schlagzeilen. ... Nach dem NATO-Gipfel im Juli 2018 versprach die Bundesregierung für das nächste Jahr zusätzliche 650 Millionen für die Bundeswehr."

Was sind militärische Ehren?

Ein Muster, wie tief das militärische Denken bis in die Spitzen auch bei der deutschen Bundesregierung noch verankert ist, stellt die Handhabung der Begrüßung eines Staatsgastes durch die sogenannten „militärischen Ehrenbezeugung" dar. Ich schrieb dazu an den Bundespräsidenten F.W. Steinmeier den nachfolgenden Brief

Sehr verehrter Herr Bundespräsident Steinmeier!

Da hört man im Fernsehen, dass im Herbst Präsident Erdogan die Bundesrepublik besuchen wird und der Bundespräsident wird ihn mit „militärischen Ehren" empfangen. Nun frage ich mich, was soll dieser mittelalterliche, operettenhafte Pomp in unserer Zeit?

Da stolzieren zwei erwachsene Männer mit ernstem Gesicht und wichtiger Mine an einer Front von zur Salzsäule erstarrten Männern vorbei, die stolz oder operettenhaft ihre Todesinstrumente starr vor sich herzeigen. Und dann kehren diese erwachsenen Männer um und „schreiten" zurück. Ist das denn im aufgeklärten Zeitalter 2018 noch – ohne lachhaft zu wirken – gebührlich und sinnvoll?

Und was heißt hier im Zusammenhang mit „militärisch" denn Ehre? Wir kennen das so: auf dem Feld der Ehre, heldenhaft „gefallen[76]" für Volk und Vaterland, oder heute für die Sicherheit, verteidigt am Hindukusch oder in Mali? Für mich ist das militärische Vorgehen – weil es auch gegen unbescholtene Zivilisten (gewollt oder ungewollt) eingesetzt wird - ein schändliches Rudiment mittelalterlichen Denkens und Handelns! Denn ich selbst habe solches militärische „Vorgehen" ungeschönt am eigenen Leib im 2. Weltkrieg erlebt. Britische Tiefflieger haben mich auf dem Gang zum Hochbunker mit Bordwaffen beschossen, tack, tack,

---

75 Richtiger Kriegs...
76 Ohne je wieder aufzustehen!!!

tack. Gott sei Dank haben sie nur 2 Meter zu weit nach rechts gezielt, sonst würde ich diesen Brief hier nicht schreiben.

Also nun, Abschreiten der Ehrenfront von und vor waffenstarrenden Männern in Operettenpose finde ich abstoßend, sinnlos, lachhaft und unglücklich, wozu sich ernsthafte Männer – auch mit dem türkischen Präsidenten - nicht hergeben sollten.

Besser wäre es doch, man würde zum Empfang des Staatsgastes einen Jugendchor singen lassen mit Liedern wie „Dona Nobis Pacem" oder „Herr gib uns Deinen Frieden" oder einen Opernchor mit der „Ode an die Freude"[77] das wäre zeitgemäß und würdig und ehrenhaft, sowie den Problemen unserer Zeit angemessen.

Wir werden nämlich erst dann wirklich Frieden in der Welt herstellen (können), wenn wir diesen unehrenhaften Operettenkram auch im Denken schon überwinden.

Hochachtungsvoll und überzeugt von Ihrem eigenen friedvollen und staatsmännischen Denken,

Dr. Ing. Gerhard Loettel, Pfarrer em., ehem. DA-Vorsitzender Magdeburg

Aber nun möchte ich – damit man der Kontinuität solchen neuen friedensethischen Denkens schon in den 80er Jahren des vergangenen Jahrhunderts ansichtig/anhörig wird - anknüpfen an Überlegungen von „Möglichkeiten gewaltloser Aktionen".

5.3. Möglichkeiten gewaltloser Aktionen in der Gesellschaft[78]

- Überlegungen zu Friedensinitiativen für Christen -

Wenn Gottes „Friede höher ist als unsere Vernunft" (Phil 14,7), so kann Gott diesen Frieden wohl schwerlich in einer Welt installieren, in der statt unserer friedlichen Vernunft noch eine solch unfriedliche Unvernunft vorherrscht, dass wir mehr Sprengstoffe für den Tod als Lebensmittel für

---

77 Oder den Gefangenenchor aus Nabucco
78 Vortrag, am 7. 11. 1981 anlässlich der Eröffnung der Friedensdekade 1981 in der Ev. Studentengemeinde durch den Autor. Der Vortrag scheint mir heute ebenso richtig/wichtig wie 1981

das Leben bereitstellen. (Nach E. Epplers Predigt am 20.6.1981)

So kann und wird sich der Friede Gottes zwar als Gabe Gottes erweisen, aber eben nur dann, wenn wir die Gabe auch annehmen und sie nicht von uns weisen. So kann dieser Friede nicht über Nacht, wie ein Weihnachtsgeschenk kommen, sondern vergleichsweise eher wie die Gewissheit eines ABC-Schützen, dass er am Ende der 10. Klasse eine Grundbildung in Rechnen, Schreiben, Physik, Biologie und Chemie hat. Auch in solchem Gleichnis geht es um eine Gabe, der Gabe des Erziehungssystems, der Erzieher und aller Wissenschaften (Bibliotheken), aber es geht auch um Annehmen dieser Gabe, es geht nicht ohne Anstrengung des Schülers. Friede wird uns sicher gegeben von Gott, Fach um Fach, Stunde um Stunde, Schuljahr um Schuljahr, aber wir müssen ihn mühsam auch lernen. Wir müssen den Frieden in allen Fächern lernen. Eine Grundbedingung dazu ist, dass wir uns für ihn einsetzen, dass wir ihm in gewaltlosen Aktionen nachjagen.

Damals hörten wir eine Geschichte. Ein alter Mann sagt in einem Park den dort mit Holzgewehren „Krieg spielenden" Kindern: "Spielt doch nicht Krieg, spielt doch lieber Frieden!" „Oh ja", sagten die Kinder und tobten davon. Nach einigen Minuten kamen sie zurück zu dem Opa: „Opa...wie spielt man denn Frieden?" Diese Geschichte spiegelt gut unsere Situation bis heute wieder. Wir alle, Kinder, Erwachsene, Politiker und Unternehmer müssen lernen Frieden zu spielen!

Aber wir müssen Tag um Tag diesen Frieden lernen in allen seinen Fächern.

5.3.1. Standorte auf dem Weg zum Frieden

An dieser Stelle muss sich jeder von uns fragen: „In welcher Klasse stehe ich eigentlich in der Friedensschule? Was habe ich bisher gelernt? Was habe ich versäumt, zu lernen?

Dabei ist es ganz wichtig, sich selbst zu fragen, wofür bin ich und warum bin ich gerade dafür; und auch wogegen bin ich und warum bin ich dagegen? Kann ich das schon alles artikulieren, kenne ich die Zusammenhänge? Diese Fragen zielen nicht nur auf das rationale Lernen, sondern auch auf meinen gefühlsmäßigen, willentlichen, kräftemäßigen und fantasiebetonten Standpunkt. Mit wem bin ich in meinem Fühlen, kann ich es mit Recht sein und gegen wen bin ich, habe ich dazu auch ein Recht?

Sie können durch eine solche gemeinsame Lernstunde – vielleicht am Abschluss eines jeden Friedensschuljahres durch eine Selbstreflexion verhüten, dass Sie zu unfriedfertigen Friedensamokläufern werden. Denn Friedfertigkeit ist eine Grundbedingung gewaltloser Aktionen.

Vielleicht wird Ihnen bei solcher Besinnung klar, dass wir keine Widersprüche in der Welt lösen können. Nicht von ungefähr gibt es den sauberen Widerspruch von Gut und Böse nur im Märchen. Im Mythos und in der religiösen Bildsprache - der Metapher - gibt es dagegen nur Konflikte als Bündel ganzer Konfliktfäden und es gibt die Vermischung von Gut und Böse in „mir" und in „dir" und in der „Sache". Solche Konfliktknoten können wir nicht lösen und sollen wir nicht durchhauen wollen, denn das ginge nur durch Reduzierung solchen Konfliktbündels auf das Alternativpaar „hie gut" – „da Böse". Setzen wir aber unser vermeintlich Gutes - was wir ja aber erst in unserer analytischen Setzung zum Guten gemacht haben - mit allen Mitteln durch, so kehrt(e) sich das geschädigte Gute der Gegenseite und das nichtgeschädigte Böse auf meiner Seite gegen mich selbst. Konfliktknoten lassen sich nicht lösen, sondern mit gutem Willen auf allen Seiten nur gewaltarm, tragfähig machen und mildern, indem alle Beteiligten am Konflikt leidens- und mitleidensfähiger werden. Die Metapher dafür ist nicht „Kain und Abel", sondern Noah, der Mitleidende und Mitnehmende im Konfliktfeld der allgemeinen Not. Auch Jesus Christus wusste darum und indem er unsere Schuld barmherzig vergab, führte er geradezu in jedwede Konfliktbereinigung in Zeit und Weg. Auch in der Nachfolge Christi können wir den Konflikt nur auf den Weg der Bereinigung bringen, indem wir ihn durchtragen und durchleiden. Ein Muster dafür habe ich ja bereits mit dem oben gezeigten Bildbeispiel auf Seite 29 gegeben.

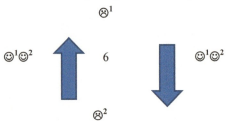

Und noch aus einem andern Grund müssen wir warten können. Alles was Gott in dieser Welt gut stiftet, stiftet er als Schöpfer. Und Schöpfungsgemäßes kommt in der Zeit zu uns, erfahren wir in der Zeit, d.h. Erfahrung braucht Zeit. Wir haben es schon als Friedensschüler erfahren, Frieden muss in der Zeit gelernt werden. Ebenso bedürfen Friedensmaßnahmen und –programme der Zeit, weil sie Prozesse sind und Prozesse auslösen. Friedensprozesse müssen in den Menschen gepflanzt/gesät werden, aufgehen, wachsen und reifen. Sie müssen sich ins Gleichgewicht setzen mit den Lebensbedürfnissen aller Völker, aber auch mit der ganzen Umwelt – und das braucht Zeit. Alle Maßnahmen und Programme, die auf sofortigen Erfolg und auf sofortige Effektivität ausgerichtet sind, sind der Zeit „entrissen", können nicht reifen, sind unökonomisch/unökologisch u.d.h. schöpfungsungemäß. Sie gehen immer zu Lasten von Menschengruppen - z.B. in der Dritten Welt - oder zu Lasten der Mitschöpfung.

Versuchen Sie den Frieden wachsen und reifen zu lassen, setzen Sie Ihre Wünsche und Vorstellungen nicht absolut. Aber nehmen Sie wahr, dass die Minderheit der Friedensmacher in der Welt langsam wächst, jeden Tag ein bisschen. Suchen Sie nach Wegen, wie Sie Sorge tragen können, dass sie wächst, indem der Friede ansteckend wirkt.

5.3.2. Das absolut Neue an der Friedensbewegung

Warum sind wir noch in der Minderheit, warum stehen wir heute noch in der untersten Klasse der Friedensschule auf dem Weg zur Sicherung des Weltfriedens? Waren die 2000 Jahre Botschaft vom angesagten Frieden umsonst?

Ich denke wir stehen an einer entscheidenden Wende der Menschheit, erst- und einmalig, heute, hier. Bisher stimmte die These: „.... in der Welt hat es immer Kriege gegeben und wird es immer geben." Bekanntermaßen hat diese These bisher die Menschheit nicht vernichtet. Ab nun darf und wird sie nicht mehr stimmen. Wir treten heute erstmalig einen völlig neuen Menschheitsweg an.

Warum haben wir gleichsam bisher den Frieden nur als Kind in der Familie gelernt und müssen nun erst in die Friedensschule gehen, um den Weltfrieden zu lernen? Bisher hat der Krieg wohl Menschen, auch ganze Völker ausgerottet, aber der Menschheit insgesamt nie geschadet. Daher war er möglich, wirklich und vermeintlich ewig in der Zukunft. Heute würde aber ein Weltkrieg die Menschheit vernichten/ausrotten und ist somit erst ab heute unmöglich, unrealistisch und kann in Zukunft nie mehr versucht werden. Das Denkschema des Sozialdarwinismus, des „Kampfes ums Dasein", als des Kampfes des Besseren, um zu überleben und zu siegen, dieses Denkschema kann in der kulturellen Menschheit nicht mehr zur Anwendung kommen. Was heute - erst nach 1945 - nicht mehr ernsthaft bestritten wird, das ist die Notwendigkeit der Bewahrung des Weltfriedens: „Hier bedeutet Hiroshima den Angelpunkt einer sich langsam drehenden Tür der Weltgeschichte. (C.F von Weizsäcker). Darum also auch erst ab heute Friedensschule".

Da uns dieser Bewusstseinswandel sowohl bei Politikern als auch anhand der stetig wachsenden Friedensbewegung begegnet, kann man E.Eppler (SPD) wohl zustimmen, wenn er sagt, dass dieser Bewusstseinswandel so elementar ist, wie etwa der in der Renaissance. Ich halte ihn sogar für noch tiefgreifender.

Nichtsdestoweniger hat er gerade noch nicht die Menschen in der Masse ergriffen, die allein zu einer friedenstragenden Macht werden könnten, nämlich die Betroffenen aller Kriege, die kleinen Leute. Früher starben sie für ihre Nachkommen und für ihre Nation, heute würden sie mit ihren Nachkommen, mit ihrer Nation und mit allen Nationen sterben. Aber sie brauchten nicht zu sterben, wenn sie nur nicht wollten. Oder wie Dorothee Sölle das ausdrückte: „Stellen sie sich vor, es käme Krieg und keiner ginge hin!"

Darum müssen Sie an dieser Stelle so mühsam Menschen zum Friedensdienst motivieren, weil dies erstmalig ist, ganz neu und kaum glaubbar ist. Und doch muss es glaubhaft gemacht werden, weil es nottut.

War nun die 2000jährige Botschaft vom Frieden umsonst? Ich denke nein. Denn dadurch ist in der großen christlichen Familie, sozusagen in der Kinderstube erst einmal gelernt worden:
- Gott schenkt Frieden,
- Frieden gibt es als Weltfrieden nun erstmalig ganz neu,
- Frieden ist erlernbar,
- Friede sucht Schwestern und Brüder und verzeiht dem Feind,

- Friede braucht Zeit,
- Friede erträgt Konflikte.

Und dieses „Kindheitsmuster" kann nur in der Friedensschule fruchtbar werden.

5.3.3. Welche Ziele in der Friedensarbeit wollen wir anstreben?

Auch die Frage nach dem Ziel ist ein Haltepunkt, an dem wir uns des richtigen Weges versichern müssen. Vermutlich wird es Ihnen nicht schwer fallen, gestufte Ziele in einem Nacheinander zu erblicken:

- Bewahrung des kriegslosen Zustandes auf der Basis des Gleichgewichtes des Schreckens.
- Verminderung dieses Schreckensgleichgewichtes durch Umrüstung auf reine Verteidigungssysteme,
- Stufenweise Rücknahme der Verteidigungssysteme und Einbringung der freigewordenen Mittel in Entwicklungs- und ökologische Projekte,
- Befriedung der Völker auf der Basis der völligen Entmilitarisierung der Staaten und Schaffung parlamentarischer Konfliktlösungsinstrumente zwischen den Nationen,
- Befriedung der Völker und der Mitschöpfung durch Symbiose der gesellschaftlichen Systeme mit der Natur,
- Versöhnung mit Gott und der Menschen untereinander in Gerechtigkeit und Liebe und Anerkennung des Eigenwertes und des Erhaltungswertes aller lebenden Schöpfungssysteme.

Zusammen müssen wir einschätzen, wo wir heute stehen, was uns heute möglich ist, und wir müssen entscheiden, welch langen Weg wir zu welch hochgestecktem Ziel mit einmal angehen können. Auch hier scheinen mir Schritte unumgänglich und man muss sie Fuß vor Fuß gehen.

Wie können Sie das Ihnen vorschwebende Friedensideal so aussagen, dass es einsichtig wird, zum Lernen motiviert und es zu geduldigen kleinen Schritten Mut macht?

5.3.4. Was kann die Kirche tun?

Hier geht es neben dem kirchenspezifischen Auftrag auch darum, wer kann in der Kirche etwas tun?

Lassen Sie mich mit Letzterem beginnen. Prüfen Sie doch einmal die Behauptung, dass gerade „kleine Gruppen" und die „freien Initiativen innerhalb der Kirchen" am meisten etwas tun können, weil sie klein sind. Also gerade das, was uns den Mut zu nehmen scheint, was uns beschwerlich ist, soll unsere große Chance sein? Warum? Die kleine Gruppe hat darum eine so große Stimme, weil sie die Freiheit hat, zu sagen was sie will und wo sie es will[79]. Offizielle kirchliche Organe können solch „große Stimme" ohne den Hintergrund der Basis gar nicht vortragen. Aber sie können auf Grund solcher Gruppeninitiativen behutsam solche Programme kritisch begleiten, verbreiten, aufnehmen und gegebenenfalls unterstützen.

Fragen Sie sich, wie und wo sie die Chance Ihrer kleinen Gruppe sinnvoll und effektiv werden lassen können?

Hier möchte ich aus heutiger Sicht (2018) einschieben, dass ein großer Erfolg der „Kleinen Gruppen" in der DDR auch darin seine Chance hatte, dass in dem ideologisch monolithischen Überbau des real existierenden Sozialismus jede auch noch so kleinste Abweichung eine nicht zu übersehende und unüberhörbare Störung hervorrief und den Unmut, die Existenzangst und das Beharrungsvermögen der Politbürokraten auf den Plan rief. Man hörte uns!

Nun das kirchenspezifische „Was". Es ist angesichts der zwar schrecklich irrationalen, aber dennoch immerhin bestehenden Gleichgewichtslage zwischen den gerüsteten Großmächten zu fragen, welchen Stellenwert der kirchen-traditionelle Schwerpunkt des Pazifismus hat. Sicher muss auf alle Fälle festgehalten werden, dass solcher Pazifismus mindestens den einen Wert hat, Zeichen, Appell, Beunruhigung und Initiativvorstoß zu sein. Als solcher ist er nicht zu missen: „... stellen Sie sich vor, keiner ginge hin!" Gemessen an der Irrationalität der militärisch-technologischen „Sicherheitslösung" ist der Pazifismus keineswegs irrationaler.

---

79   So heute die #fridaysforfuture

76

Hier muss jeder von Ihnen selbst prüfen, ob er dieses notwendige Zeichen setzen will und kann.

Damit sind aber die Möglichkeitsfelder von Kirche und kirchlichen Gruppen keineswegs erschöpft. Mit mehr oder weniger Effektivität bieten sich noch die folgenden Felder an und sollten in summa genutzt werden:

- Die Verurteilung von praktischer materieller Militarisierung und Militarisierung des Denkens und der Sprache,
- dem Aufrichten von Feindbildern und von Hass entgegentreten,
- Entmythologisierung von Doktrinen nationaler Sicherheitskonzepte („Abschreckung"),
- Untersuchung der Ursachen des Krieges und unfriedfertiger menschlicher Strukturen, einschließlich der Trennung von Gott,
- Eintreten für eine breite öffentliche Diskussion um Sicherheits-, Zukunfts- und Friedensfragen,
- Beginn eines exemplarischen Dialoges erst einmal innerhalb der Kirchen und Sachkundigmachen für einen solchen Dialog (ich denke heute hier z.B. an den unseligen Unfrieden in Nordirland),
- Abbau von Kleinmut und Ohnmachtsgefühlen, Resignation und Blindheit, Schaffung einer Atmosphäre zuversichtlicher Freude,
- Programme zur Erziehung für den Frieden mit dem Hauptthema: „Was mache ich, damit es nicht zum Krieg kommt?" (Dies als Alternative zum damaligen Wehrkundeunterricht in der DDR mit dem Hauptthema dort: „Was mache ich, wenn es zum Krieg gekommen ist?")
- Schaffung neuer theologischer Metapher, die den Prozess der Friedenssicherung ins Bild bringen,
- Ausarbeitung von Konzepten für die Sicherheit von Freund und Feind,
- Vorschläge solcher Konzepte und Appelle an politisch Verantwortliche.

Zu einigen solcher Möglichkeitsfelder möchte ich Stellung nehmen:

5.3.5. Die Feindbilder

Es ist eine ganz spezifisch christliche Aufgabe, Feindbilder zu entlarven, weil die Kirche Jesu Christi, dafür einen Grund und einen Weg kennt. Der Friede Gottes gilt ausgesprochen allen Menschen. Ja, Christen finden nur mit dem Nächsten und den Feinden zu Gott, denn auch sie alle wissen ebenso wenig wie ich/wir selbst, was sie/wir tun und wie wir alle dem Frieden schaden. Im Zeitalter der unbedingt notwendigen Koexistenz wird dieses Glaubenslehrstück jüdisch-christlicher Erfahrung unmittelbar evident. Mein/unser Sicherheitsinteresse verlangt dringend nach der Sicherheit des Anderen, weil es ohne das Sicherheitsgefühl für den Anderen keine friedliche Lösung gibt. Dieses Mitbedenken des beiderseitigen Sicherheitsinteresses wird auch uns Friedensjüngern in Ost und West sicherlich schwer. Denn zugegebenermaßen enthält dieses Mitbedenken beiderseitigen Sicherheitsinteresses erst einmal (noch) nicht die Kritik an den gesellschaftlichen Zuständen des eigenen Systems.

Hier zeigt sich Ihnen ein Konfliktknoten, der nicht zu lösen ist. Um der allgemeinen Not des gefährdeten Friedens muss die Kritik an den eigenen gesellschaftlichen Zuständen erst einmal hinter die notwendige Sicherheit gestellt werden und also zunächst betroffen oder leidvoll getragen werden[80].

Dafür führt das Modell der Feindesliebe - anstatt der Feindbilder - nun ein neues Mittel in den Friedensdienst ein, nämlich ein dem Frieden als Ziel dienendes Mittel, die Versöhnung, die Betrachtung des Feindlichen als etwas Vorläufiges, als etwas, das ich auch bei mir vermeiden muss. Es geht um die Aufforderung, von mir aus einen Anfang zur Befriedung[81] zu machen. So ist die Feindesliebe ein vernünftiges, rationales Modell, gemäß einer Vernunft zum Überleben.

Dem Mythos der „Abschreckung" muss entgegengehalten werden, dass er immer noch ein Feindbild fördert. Er kann keine positive Entwicklung einleiten, die den Feind verändern hilft, weil er verschweigt, was uns mit den Menschen der anderen Seite verbindet, weil er den Angriff erwartet und damit so auch die Befürchtung des Angriffs beim „Anderen" auslöst. Die Ausrichtung auf den „Ernstfall Krieg" - so beim

---

80 Das war eine harte Einsicht angesichts der Bedrängungen und Bedrückungen durch den diktatorischen Staatsapparat und ist wohl heute überholt.
81 Ich denke heute an die Formel von Willi Brandt „Wandel durch Annäherung", als etwas Ähnlichem.

Modell der Abschreckung, wie im Lehrplan des Wehrunterrichtes - verhindert Verbindungen und Bindungen und schafft so kein entspannendes Vertrauen und Kennenlernen. Die Wirklichkeit der Feindesliebe richtet sich dagegen auf den „Ernstfall Frieden" aus.

Auch diesen neuen Weg der Feindesliebe müssen Sie unserem innergesellschaftlichen Dialogpartner[82] anbieten, weil er in dessen revolutionärem/heute privatwirtschaftlichem Programm nicht enthalten ist. Doch er ist für den Weltfrieden höchst aktuell und vernünftig.

5.3.6. Die breite öffentliche Diskussion über Sicherheitskonzepte

Denen, die diese Auseinandersetzung den Fachleuten überlassen wollen ist entgegenzuhalten:

Die Fachleute haben - möglicherweise sogar auf Grund ihrer fachspezifischen Engführung und Betriebsblindheit - bis heute keinen Rüstungsabbau erreicht, sondern nur ein Hochschrauben der Rüstungsspirale. Dies ist ein unwiderlegbares Faktum.

Dagegen sind solche Grundentscheidungen und Konsequenzen wie die Alternativfrage, will ich lieber die Menschheit an den Abgrund der Nichtexistenz führen helfen oder das Risiko eines möglichen gesellschaftlichen Rückschlages eingehen, ganz klar und verständlich darzustellen und von jedem einzusehen. Auch die negativen Konsequenzen[83] der Energie-, Ernährungs- und Entwicklungspolitik lassen sich in Alternative zum allseitigen Tod einsichtig machen.

Diese breite öffentliche Diskussion vorzubereiten ist Ihre gewaltlose Möglichkeit, kann aber auch Ihre verantwortliche Pflicht sein.

---

82 So heute den Verfechtern der Doktrin von der Sicherheitslogik im Kapitalistischen System
83 Die unter Umständen sogar Einbußen der Wohlfahrt nach sich ziehen könnten

5.3.7. Abbau von Kleinmut und Schaffung einer Atmosphäre zuversichtlicher Freude

Unter der Botschaft vom Frieden lässt sich in der Gemeinde Jesu Christi Friedensarbeit in einer Weise tun, die die ganze Fülle von Schalom für den Menschen einbringt, d.h. eine Friedensarbeitsweise, die den Geist, die Phantasie, den Humor, den Witz, die Einfälle und die Freude, sowie Schöpferisches und Mitleidvolles einbezieht.

Wenn Sie sich von der gewaltsamen Verbissenheit eines „Kampfes für den Frieden" lösen, haben Sie wiederum eine Möglichkeit gewaltloser Aktion aufgegriffen.

5.3.8. Unsere Aufgaben in der Friedensarbeit sind vorgegeben und begrenzt

Bei der Frage nach der öffentlichen und breiten Diskussion sprach ich von Ihrer Aufgabe hierzu. Diese Aufgabe ist uns allen allein schon deshalb „Gesetz", weil wir mit der Übernahme oder bereits mit dem Bedürfnis zur Übernahme demokratischer Mitbestimmung auch eine Verantwortung mit übernehmen. Solange ein Landesherr verantwortlich für Land und Leute war, war er allein auf diese Verantwortung verpflichtet – Adel verpflichtet. Aber mit dem „Willen zur Demokratie" müssen wir uns auch dessen Folge, der „Verantwortung durch alle", annehmen. Uns hilft nun tatsächlich kein Kaiser, noch Tribun. Das mag anstrengend sein, aber – wie der erste Biss von der Frucht der Erkenntnis – eine nicht wieder annullierbare Folge der selbstgewollten Entwicklung zu demokratischen Strukturen jeglicher Spielart. Aber es ist keine bloße Regierungsspielerei, sondern die ernsthafte Arbeit, neben dem Erhalt der eigenen Familie auch Zeit und Kraft in die Erhaltung des Landes und der Menschheit zu investieren. Und das gilt sowohl uns allen einzeln, als auch Gruppen mit erhöhter Machtbefugnis, die gern Verantwortung an sich selbst delegieren möchten. Demokratische Verantwortung verpflichtet alle im Sinne von „arbeite mit, plane mit, regiere mit"[84].

---

84 Ein damals in der DDR üblicher Propagandaspruch, der verschleiert, dass außer der Mitarbeit in Wirklichkeit keine demokratische Verantwortungsnahme erwünscht und gestattet war.

Burkhard Hose101 sagt in seinem Buch101:

„Unsere Demokratie ist darauf angewiesen, dass es wieder mehr Menschen gibt, die öffentlich und laut davon sprechen, was unverfügbar ist und was keinem Stimmungswandel und keiner Mehrheit geopfert werden darf: die menschliche Würde... .“

5.3.9. Begrenzt und gebremst wird aber diese demokratische Verantwortung

Aber sehr bald wieder durch die Einsicht darein, dass ich im Überschwang meines eigenen Verantwortungsbewusstseins viel mehr ausrichten will, als ich dann wirklich ausrichten kann. Denn mein Verantwortungsergeiz verweist mich auf den Wunsch nach Erfolg, Wirksamkeit und Vorzeigbarkeit meiner Verantwortung. Aber wenn ich dem nachgebe, sabotiere ich Verantwortung geradezu. Denn Erfolgs- und Wirksamkeitsstreben zielen auf sofortige, unausgereifte, unorganische – ich sprach vorn von der „Zeit entrissene“ - tote Maßnahmen. Verantwortung kann ich im Wesentlichen nur richtig wahrnehmen, wenn ich Prozesse in Gang setze, Maßnahmen treffe, die wachsen können, deren Ergebnisse ich aber oft kaum als meinen Erfolg ernten kann. Ja oft weiß ich nicht einmal, ob ich als Einzelner überhaupt etwas in Gang gesetzt habe, und dennoch muss ich handeln, wie Gott oder mein Gewissen es von mir wollen.

Überlegen Sie sich also, ob Sie bereit sind, Verantwortung wahrzunehmen, wobei Sie u.U. nichts anderes sind als ein „Sämann“, der geduldig auf das erste Keimen der Frucht wartet. Oder in einem anderen Bild, wobei Sie nichts anderes tun, als helfen, einen „Bewusstseins-Film“ zu belichten, der dann vielleicht lange ein latentes Bild enthält, bis er einmal - kaum von Ihnen selbst - „entwickelt“ wird, vielleicht durch eine tiefgreifende Erschütterung beim Bewusstseinsträger. Das soll Ihnen nicht die Freude an der verantwortlichen Friedensarbeit nehmen, sondern nur die Enttäuschung, wenn nicht sofort „alle Blütenträume reifen“. Freude muss auf dem Weg sein, sie kann und darf nicht erst am Erfolgspunkt eintreten.

Heute denke ich, dass all die Friedens-, Öko- und Menschenrechts-gruppen innerhalb und außerhalb der Kirche dazu beigetragen haben, einen Bewusstseinsfilm bei den Vielen zu belichten, die im Herbst 1989 - dem Wendejahr oder der friedlichen Revolution - auf die Straße gingen, um den Film zu entwickeln und zu sehen, welch „Bild denn da herauskommt".

Vorgegeben und begrenzt sind unsere Aufgaben auch darum, dass sowohl Konflikte als auch deren Lösungen von ganz bestimmten ökonomischen, ökologischen, gesellschaftspolitischen, ideologischen und ökumenischen Zusammenhängen bestimmt sind. Die Begrenzung kommt nicht nur durch den Stand unserer Erkenntnis solcher Zusammenhänge, sondern auch durch die Wirkung solcher Zusammenhänge - bis hin zu jedem von uns - zustande: „Will ich unterbewusst eigentlich wirklich Frieden um den Preis, dass es mir dann wohl u.U. wirtschaftlich viel schlechter geht oder gehen könnte?"

Wenn Friedlosigkeit nach C. F. von Weizsäcker nicht Bosheit und nicht Dummheit, sondern eine Krankheit ist, und somit weder durch Verdammung noch durch vordergründige Belehrung zu überwinden ist, als vielmehr der Heilung bedarf, dann gibt es in unserer Friedensschule noch eine Lernbarriere bis zur Reife, insofern uns nicht auch Tag für Tag persönlichkeitsheilende Kräfte zuströmen. Diese aber können ⊠ und damit vertraue ich der Verheißung Gottes ⊠ in besonderer Weise in der Gemeinde Jesu Christi wachsen. Erst wenn uns dort Heilung widerfährt, können wir andere Kranke heilen.

Gewaltlose Aktion ist hier Ihr Wille zur Selbstheilung mit Gottes Hilfe, einer Heilung der ganzen Persönlichkeit.

Nur wer so eigener Heilungsbedürftigkeit ansichtig wird, kann Friedlosigkeit verstehen und kann dann auch die Friedlosigkeit verstehen,
- die sich den USA als ein beschädigtes Nationalgefühl zeigt, das mit neuer militärischer Stärke repariert werden soll[85],
- die sich in der UdSSR als Angst vor Veränderungen im eigenen Bünd-

---

85 Es ist fast unglaublich, dass diese Sätze im Jahr 2018 ebenso wahr sind, wie zum Zeitpunkt ihrer Entstehung vor mehr als 25 Jahren. Was wurde gewonnen?

nissystem[86] zeigt, und die darum eher durch eine Politik der Abschreckung beschwichtigt wird als durch eine Phase allzu guter Entspannung, Vertrauensbildung und dem Ausbau von Verbindungen, weil dies Veränderungen im eigenen Lager begünstigen könnte.

Gewaltlose Aktion ist hier Verständnis der Friedlosigkeit der Konfliktpartner und Vermittlung solchen Verständnisses. Dabei ist es unerheblich, ob ich die eine oder andere Friedlosigkeit teile, sie existiert als Krankheit und muss getragen werden.

Vorgegeben ist unsere Aufgabe weiterhin dadurch, dass Friedensarbeit auf zusammengehörigen Ebenen verläuft, weil Friede und Heilung von Friedlosigkeit ein Prozess der ganzen Persönlichkeit ist, aber auch der ganzen Gesellschaft und der ganzen Menschheit. Jedoch das begrenzt auch unsere Möglichkeit als Einzelne. Jeder von uns kann nur auf einer Ebene studieren, dokumentieren, argumentieren und motivieren. Und doch müssen wir es zusammen auf allen Ebenen tun.

Was sind solche Ebenen:
- eine neue Pädagogik und die Erkenntnis frühkindlicher Persönlichkeitsprägung, z.B. zur Vorurteilslosigkeit und demokratischer Charakterstruktur,
- Umerziehung zur Vorurteilslosigkeit bei Erwachsenen,
- Vertrauensbildung, Entmilitarisierung des Denkens und der Sprache (eine „Bombensache", „...schmeiß mal das Bier an die Front..." usw.),
- Feindbilder abbauen,
- Aufdecken der Zusammenhänge der Friedensgefährdung mit der Ökonomie (Rohstoffverknappung!),
- Aufdecken der Zusammenhänge der Friedensgefährdung mit der Ökologie,
- Aufdecken der Zusammenhänge der Friedensgefährdung mit der Welternährungslage,
- Aufdecken der Zusammenhänge der Friedensgefährdung mit dem Nationalgefühl, der Ideologie, dem religiösen Gefühl und einem Sendungsbewusstsein,
- Aufdecken der Zusammenhänge der Friedensgefährdung mit Diskriminierung, Emanzipation und Menschenrechten,

---

86   - auf Grund wirtschaftlicher und politischer Probleme-

- Aufdecken der Zusammenhänge der Friedensgefährdung mit Aggression und Angst,
- Aufdecken der Zusammenhänge zwischen Friedlosigkeit und Gottesverlust,
- Rüstungserkenntnis und Möglichkeit von Abrüstungsschritten, neue Sicherheitssysteme (Waffen zur ausschließlichen Verteidigung),
- Aufdecken der Zusammenhänge der Friedensgefährdung mit der Kernenergietechnik usw.

Sie müssen Ihre Begrenzung finden und dürfen doch den Kontakt zu anderen Ebenen nicht verlieren, weil Schalom[87] unteilbar ist.

5.3.10. Welche nicht hinterfragten Konzeptionen sollten Christen in den Blick nehmen?

Eine völlig ungeprüfte Konzeption gegenwärtiger Weltgesellschaft des Menschen scheint mir die Frage nach der Sicherung großer bzw. ausreichender Energiemengen und damit im Zusammenhang eben die Sicherung des Friedens zu sein. Es ist doch kein Zufall, dass es einen „Weltenergiehunger"[88] gibt und infolgedessen bei den Industrienationen einen Hunger nach Energierohstoffen. Die Kernenergietechnik[89] hat da keine Abhilfe geschaffen, sondern das Problem noch verschärft[90]. Der Kernkraft für den Energiehunger stehen die Kernwaffen für den Rohstoffhunger ⊠ auch nach Uran ⊠ zur Seite. Kernenergie und Kernwaffen sind zwei Seiten einer Münze. Beide können hochgehen. Wer Kernenergie sagt, setzt auf exponentielles Energie- und Wirtschaftswachstum, wer auf solches exponentielle Wachstum setzt, setzt auf eskalierende Verschärfung der Energiesituation und der Rohstoffbeschaffung und setzt somit auf Kernwaffen. Ist es denn ein Zufall, dass die kleinen Nationen,

---

87 Frieden im weitest gefassten Sinne
88 Schon dieser metaphorische Begriff mit dem „...hunger" zeigt, dass es um ein Gefühl und nicht unbedingt um reale Tatsachen geht.
89 Es ist schon eigenartig, dass trotz der Beteuerungen der Kernenergielobby, dass die Kernenergie die fossilen Energieträger überflüssig mache, sich durch Bereitstellung und den Ausbau von Kernenergieanlagen keineswegs die Zugriffsmentalität – bis hin zu kriegerischer Aneignung auf Erdöl und Erdgas – verändert oder verflüchtigt hat.
90 ... da nun ein Hochenergiekultur- Trend seine Fortsetzung finden kann.

die um die „friedliche Nutzung der Kernenergie" bemüht waren, alsbald Testexplosionen machten? Braucht die Menschheit ständig steigende Energiemengen heute, obwohl sie vergleichsweise in 12 Stunden Kulturgeschichte ohne solche Riesenmengen leben konnte? Nun aber, seit den letzten 12 Minuten (!) Kulturgeschichte bedingen sich exponentielle Vermehrung der Zahl der Menschen auf der Welt und solche exponentiellen Energiemengen gegenseitig.

Eine Reduzierung des Energiehungers und d.h. eine Optimierung des Energieverbrauches hin zu immer weniger benötigter Energie bei gleichbleibender oder steigender echter Lebensqualität, eine Umstellung auf regenerierbare Energieressourcen[91] und ein friedlicher Wettbewerb der Nationen um den geringsten Energieverbrauch, brächte uns fast automatisch um die Gründe für nationale und lagerbedingte Feindseligkeiten.

- Eine gewaltlose Aktion ist die Erlernung aller der Zusammenhänge bezüglich der Energiesituation, der Gefahren der Kernenergietechnik und der Alternativsituationen und der Aufklärung über solcherart von Zusammenhängen.

Anzufragen ist auch der Anspruch jedes der Systeme, nur die eigene Gesellschaftsordnung in der je gegenwärtigen Weise verbürge die Sicherheit und den Weitergang der Menschheit. Beide Systeme in Ost und West bestehen in ihren Hochburgen zu lange Zeit gemeinsam, als dass die absolute Unmöglichkeit in je einem zu leben, damit bewiesen wäre. Zum anderen kommen neue gesellschaftliche Systeme hinzu, die z.T. recht erheblich andere Spielarten darstellen (China, Indien, islamische Republik, Afrika).

- Zu prüfen ist also im Westen, inwieweit ein nur auf Privatinitiative aufgebautes marktwirtschaftliches System gesellschaftserhaltend ist und welche Gefahren der Rohstoffvergeudung ⊠ die zugleich Kriegsgefahren sind ⊠ damit auch drohen.

- Zu prüfen ist im Osten, inwieweit ein nur auf staatsmonopolistischer Industrie aufgebautes Planungssystem der Privatinitiative entbeh-

---

91   Ausführlich beschreibe ich diese Möglichkeit in meinem Buch „Rückkehr zum optimalen Energieumsatz", über dessen Inhalte ich vor der Wende in mehrfachen Vorträgen und Samisdatveröffentlichungen informiert habe, das aber erst im Jahr 2000 beim „Verlag Die Blaue Eule", Essen, ISBN 3-89206-916-6 erscheinen konnte.

ren kann, und inwieweit infolge von Planfehlern, von Desinteresse und Unkenntnis ebenfalls Rohstoffe vergeudet werden. Zu prüfen wäre, ob nicht die je verschiedenen demokratischen Ansätze[92] im Erfahrungsaustausch und in einer Symbiose verbessert werden könnten, so wie auch der Austausch von Industrieprodukten und der Produktionsmöglichkeiten schon eine Verbesserung der Lebensbedingungen erbracht haben.

Christen dürfen im Sinn und nach dem Wortlaut der Konferenz der Kirchenleitungen vom 13. Mai 1977 in Görlitz, nicht aufhören darauf hinzuweisen, dass schon der Satz, dass es die „ideologische Koexistenz nicht gibt und geben darf" gefährlich ist. Denn es „enthält die Drohung die eine Ideologie zu beseitigen, um die andere durchzusetzen. Die Geschichte liefert für so etwas schreckliche Bilder". Aber noch schrecklichere Bilder lassen sich im Zeitalter der Kernwaffen ausmalen.

5.3.11. Prüfung von Handlungsfeldern in kleinen christlichen Gruppen

Wollte man aus allem bisher Gesagten eine Prioritätenliste für mögliche Handlungsfelder aufstellen, so käme man ungefähr zu folgendem:

Erste und zweite Schritte vor dem neunten und zehnten machen:
- u.d.h. Anderen wiederum Mut zu ersten kleinen Schritten machen,
- Aufklärung ist heute ein so wichtiger kleiner Schritt,
- Aufklärung dient dem Abbau der Angst (vor der Verantwortung, vor dem Schicksal, vor den „Großen")
- Aufklärung motiviert zum Friedenshandeln,
- Aufklärung informiert und lässt Information zu und sucht weitere Information,
- Neben die Aufklärung tritt die Dokumentation, darauf folgt die Argumentation und die Befähigung zur Diskussion,
- dann müssen die Motive der Aggression erkannt werden, sowohl bei Einzelpersonen, bei Nationen und in Gesellschaften; solcherart
- Motive sind abzubauen,
- Vorurteile sind durch Gespräche und Übungen und im Gebet zu

---

92   ...soweit sie in der anfänglichen Theorie vorgelegen haben.

überwinden.
- Aufdeckung von Unwahrheit ist die Aufdeckung von Friedlosigkeit.

Solche ersten Schritte und dann weitere können nach Durchführung in der eigenen Gruppe in die Gemeinden getragen werden. Motivierte und kleine Gruppen motivieren andere durch das Beispiel. Die Mitglieder der kleinen Gruppe übernehmen Patenschaften für je eine Gemeinde:

Schaubilder für die Gemeinden und Ausstellungen in den Gemeinden erweitern das Wort um die Bildaussage.

Friedenserziehungsprogramme für Kinder-, Jugendliche- und Erwachsenenkreise werden erarbeitet, vorgeschlagen und in den Gemeinden durchgeführt.

Ein Entmilitarisierungsprogramm der Sprache wird erarbeitet.

Die kleine Gruppe lernt die Sprachen der Nachbarvölker und motiviert auch andere dazu (d.h. Vorurteile durch direkte persönliche Verständigung abbauen)

Die kleine Gruppe wendet sich über Kirchenleitungen an die machttragenden Organe mit Vorschlägen wie:
- schrittweise Umrüstung auf reine Verteidigungssysteme (Panzerabwehr statt Panzer, Rückzug grenznaher Militärobjekte auf reine Verteidigungsstellungen)
- Beispiele für vertrauensbildende Maßnahmen, auch wenn diese nicht ohne Risiko zu verwirklichen sind.
- Demokratisierung und Öffnung der Diskussion über Zukunft, Energie und Sicherheit in der breiten Öffentlichkeit.

5.3.12. Was kann uns heute auf dem Weg zu Gottes Verheißung schon Mut geben?

Mut machen kann uns die ungeheure Geschwindigkeit, die die Bewusstheit über Friedensbedrohung und der Wille zur Friedenssicherung heute schon angenommen hat. Seit den letzten zwei Jahren (damals 1981) steht offen oder unter der Hand zur Diskussion, was bisher alles für selbstverständlich gehalten wurde. Auf einmal gibt es nicht nur in der Kernenergiediskussion, sondern auch in der Friedensforschung und Sicherheitsdiskussion den Gegenexperten, der von sich aus behaupten kann, und das auch unter Beweis stellt, „ich weiß so viel wie die etablierten Experten, aber ich komme zu anderen Ergebnissen bei der Prüfung der Probleme". Das heißt wiederum, es stimmt nicht, dass Sicherheitspolitik ein Geheimnis der Experten ist. Man muss nur in der Friedensschule das ABC des Friedens lernen.

Mut machen kann auch die Tatsache, dass so viele Bewegungen (schon 1981) mit gleicher Intensität auftreten und alle zum Schalom tendieren:
- Ökologiebewegung,
- Frauenbewegung,
- Anti-Rassismusbewegung,
- Dritte-Welt-Bewegung,
- Anti-Atom-Bewegung,
- Anti-Atomwaffen-Bewegung,
- Friedensbewegung usw.

Heute im Jahr 2019 kommt dazu die Bewegung „#fridaysfor future" und „Scientistsforfuture".

5.3.13. Zusammenfassung der Randbedingungen für gewaltlose Aktionen

- Friede muss Tag um Tag gelernt werden.
- Christen haben den Vorteil der „Familie" und damit weltweiter Verbindung.

- Von Zeit zu Zeit ist Selbstreflexion nötig: „Wo ist mein Gefühl?"
- Konfliktknoten können nicht gelöst werden, Konflikte müssen durch getragen werden.
- Frieden muss wachsen und reifen können, vorschnelle Aktionen schaden.
- Der Weltfrieden ist erstmalig und ganz neu durchzusetzen.
- Friede hat verschiedene Zielstationen. Welche steuere ich zuerst an?
- Die kleine Gruppe hat in der Friedensarbeit eine besondere Chance.
- Pazifismus hat mindestens noch den Wert der Zeichensetzung und Beunruhigung.
- Feindesliebe wird immer mehr zu einem rationalen Modell zum Überleben.
- Die breite öffentliche Diskussion über die Zukunft ist ein Gebot der Stunde.
- Freude und Humor in der Friedensarbeit ist ein Stück gewaltlose Aktion.
- Friedensverantwortung darf sich nicht auf Soforterfolge stützen.
- Friedlosigkeit bedarf der Heilung und ist ein Anliegen an Gott.
- Friedensarbeit geschieht auf vielen Ebenen, die zusammenhängen.
- Die Energieproblematik könnte Friedensproblematik sein.

Friede scheint in allen seinen Kurzdefinitionen nicht herstellbar zu sein, er ist nur zu gewinnen in seiner Dimension als Schalom, und so ist er nicht zu machen ohne die Verbindung zu Gott, zu allen Menschen, Nächsten, Fernsten und Feinden, nicht ohne Heilung unserer Persönlichkeitsstruktur und ohne ein neues Verhältnis zu unserer Mitschöpfung.

Daher möge der Friede Gottes, der höher ist als unsere Vernunft, uns bewahren, d.h. unsere Herzen und Sinne in Christus Jesus, damit wir aus unserer Unvernunft zuerst einmal zu dieser unserer Vernunft finden, die uns den Schalom Gottes von weitem zeigt.

5.4. Noch einmal, Krieg als unbewältigtes Trauma

1940: Ich sitze im Keller, es ist Nacht 12 Uhr. Um 8,00 Uhr war ich – 6 jährig – zu Bett gebracht worden. Um 11,00 Uhr weckte mich der Vater aufgeregt: „Du musst Dich ganz schnell anziehen, wir müssen in den Keller, es ist Fliegeralarm." Der Keller, spärlich beleuchtet, ist mit ca. 30cm dicken Holzstempeln abgestützt, an der Decke unter den Holzpfeilern dicke Bohlen, die die Kellerdecke vor einem Einsturz sichern sollen. An einer Wand steht ein primitives Holz-Doppelstockbett davor Stühle im Rund auf dem die Eltern und die Nachbarn – Krügels - sitzen und mit eingezogenen Köpfen und gebeugten Schultern den Lärm auf der Straße und in deren Umgebung auszuhalten und zu erdulden suchen. Der Lärm ist fürchterlich: „Krachen und Heulen und berstende Nacht" würde der Dichter sagen. Ganz in der Nähe das Heulen der niedergehenden Bomben und dann der erwartete und befürchtete Aufschlag, die Explosion und das berstende Dröhnen von einstürzenden Mauern und Dachkonstruktionen. Ich zucke jedes Mal zusammen und habe fürchterliche Angst, schon wenn das Heulen einsetzt. Die Mutter: „Das Heulen braucht Dich nicht zu erschrecken, die Bombe die Du heulen hörst, schlägt hier nicht ein." Aber das heißt doch im Umkehrschluss, die Stille, die nach einem erneuten Bombeneinschlag eintritt, könnte doch auch der Augenblick sein, nach dem Dich sofort gleich die nächste Bombe hier unten zerfetzt und mitsamt den Stützbalken und dem Mauerwerk zu einem makabren Hackebrei zermalmen wird. Kommen wir hier je wieder lebend raus? So ging das in meinem 6. Lebensjahr Nacht für Nacht. Immer wieder das Aufwecken aus dem Schlaf, die Angst im Keller und dann tags die Gewissheit, und die Ansicht, der völlig zerstörten Häuser in der Nachbarschaft. Später ging ich dann vor dieser „ersten" Angriffswelle gar nicht erst ins Bett. Das hatte aber auch den Effekt, dass ich nun Hörer/Mithörer der Flieger- oder Alarmsirenen wurde: Voralarm, Vollalarm! Ab in den Keller. Scheinwerfer am Himmel. Hatte ein Scheinwerfer solch ein Ziel in seinem Strahl, so verfolgte er es und wir zitterten: Würde der Bomber jetzt sofort seine Bombenlast hier abwerfen, oder würde er von einer Flakgranate getroffen in der Luft zerbersten? Und was richtete dann der noch der fallende, brennende und vielleicht noch mit Munition bestückte Bomber hier unten an? Am unausgeschlafenen Morgen dann die Verdrängung der nächtlichen Ängste und Bedrückungen: Bombensplitter suchen!: Erregend grauslich und voll geheimen Grauen, so ein zerfetztes Stück Eisen, nicht glatt gesägt, oder wie mit dem Schneidbrenner geschnitten, nein zerrissen wie ein Stück Stoff, ausgefranzt, scharfkantig und gefährlich anzusehen, dachte man den Gedanken zuende, dieses Stück Eisen würde einem in die Eingeweide oder ins Gesicht sausen. Ab 1943-44 dann Angriffe auf die Leunawerke, weil dort der für den Hitlerkrieg notwendige Motorentreibstoff hergestellt wurde! Die nächtlichen Schlafentzugsattacken waren wieder da. Nur hieß es jetzt, in einen sogenannten Hochbunker zu gehen, ca. 1km vom Wohnhaus entfernt. Man musste nun etwas früher aufstehen und schnellstens rennen, um nach dem Vollalarm noch rechtzeitig in den Bunker – der für die damaligen Bomben tatsächlich so gut wie bombensicher war - zu kommen. Und man konnte nicht warten bis der Vor- und dann der Vollalarm aufheulte, dann war es meist schon zu gefährlich spät. Auf dem Weg zum Bunker an einem Nebelfass vorbei! Rings um das Werk waren solche Nebelfässer aufgestellt um das Werk unsichtbar zu machen (?). Dieser Kunstnebel war eine übel riechende und reizende Angelegenheit, man musste gewaltig husten und bekam kaum Luft, wenn man dort eine Prise eingeatmet hatte. Also schnell dort vorbei. Wir hatten für solche Fälle zwar auch eine Gasmaske. Aber dieses Ding als Vollmaske, war angstverursachend, eng und atemnehmend. Es war eine Art Gummimaske, die dicht den Kopf umschloss und vorn in der Nähe des Mundes einen Schnorchel hatte, auf den ein Atemfilter aufgeschraubt werden konnte.

Luft bekam man also nur durch diesen Filter auf dem Ansaugstutzen, der ganze Kopf war ansonsten hermetisch dicht verschlossen, einschließlich der Ohren.

Schlaftrunken dann dort im Bunker auf eine Pritsche gefallen und sofort eingeschlafen, falls nicht der ohrenbetäubende Lärm der explodierenden Bomben zu groß war, wenn er aus der unmittelbaren Nähe des Bunkers kam. Einmal ganz besonders laut. Ein wahnsinniges Krachen – nie hat man einen so lauten Ton gehört – dazu ein Zittern und Beben des ganzen Bunkers, er wackelte: „Da hat bestimmt eine Bombe den Bunker getroffen, na hoffentlich sind die Eingangstüren nicht verschüttet oder verklemmt, dass wir auch wieder hier raus kommen!" Noch heute kann ich nicht genügend Schlaf bekommen, als müsste ich die durchwachten und durchängstigten Nächte nachholen

5.4.1 Was ist Krieg? Was ist Frieden?

Wenn wir uns ausmalen und ängstigen, was ein neuer Krieg in der Welt ausrichtet und bedeutet, so wollen wir beim Äußersten beginnen. Das Äußerste wird sein, dass wir durch die Zerstörungskraft, die in den Waffenarsenalen der gelagerten Atombomben steckt, das Achttausendfache der Sprengkraft auslösen, die alle Waffen des zweiten Weltkrieges zusammen besaßen, einschließlich der Atombomben von Hiroshima und Nagasaki. Verbunden mit der lebensvernichtenden Ausschüttung von radioaktiver Strahlung über die gesamte Welt und einer Verfinsterung der Atmosphäre durch die hochgeschleuderten Staubpartikel, würde das den Beginn eines „nuklearen Winters" heraufführen. Und dieser wäre durchaus in der Lage, eine solche Folge zu simulieren, wie er von einem Einschlag eines tausend Kubikkilometer großen Asteroiden ausgelöst werden würde. Das Absterben allen höheren organischen Lebens, von Pflanzen, Tieren und der Menschheit wäre so sicher, wie das Aussterben der Dinosaurier bei dem letzten Ereignis solcher Art in der Geschichte des Globus. Der gesamte Aufstieg der kulturellen Menschheit, seit den kulturellen Geistprodukten der Höhlenmaler, über die Schrifterfindung im Zweistromland und den Errungenschaften von Kunst, Musik, Religion, Mitmenschlichkeit, Gerechtigkeit und Freiheit wäre in einem Schlag vernichtet und verloren, die Evolution wäre ins Präkambrium zurückgebombt, in eine Zeit bevor es auch nur einzelliges Leben auf der Erde gab, und die menschliche Kultur wäre auf Nimmerwiedersehen beseitigt. Das kulturelle Leben, auf das Gott die Zukunft seines Gottesreiches hatte aufbauen wollen, wäre nur noch ein kurzes Aufblitzen in dieser Geschichte der Menschheit gewesen und im Augenblick eines Blitzes aus und vorbei. Der Mensch als Schlächter seines eigenen Geistes und kein Bewahrer seiner großartigen kulturellen und spirituellen Fähigkeiten. Nicht wie Goethe beschwor: „Edel sei der Mensch, hilfreich und gut, denn das allein unterscheidet ihn von allen Wesen die wir kennen."
Das also wäre also das Äußerste und es ist nicht zu weit hergeholt,

sich dies vorzustellen und als wahr und äußerst möglich und nahezu fast bis ans Wahrscheinlichste zu erachten.

Doch sollte selbst das eher Unwahrscheinliche eintreten, dass ein künftiger Krieg nicht die ganze Welt betrifft, sondern „nur" Europa, so muss unser Entsetzen über die Vorstellung von dessen Ergebnis kaum geringer ausfallen. Europa, der Schmelztiegel aller bisherigen Kulturerrungenschaften – von den Sumerern und Hethitern angefangen, über die Kulturäußerungen der Ägypter, der Araber, der Inder, der Griechen und Römer, bis hin zu den geistigen Aufbrüchen in Al Andalus, der Gotik, des Barock, der Renaissance, der Aufklärung und der Wissenschaft mit seinen Möglichkeiten, die Leiden der Menschen zu lindern und die Not von Mensch und Tier zu erleichtern – würde in einem großartigen Blitz auf- und verglühen, mitsamt aller Aufzeichnungen einstiger geistiger Größe. Alles nur noch ein dumpf brodelnder glühend heißer Sumpf aus zermahlenem Gestein und Eisen. Buch und elektronische Aufzeichnungen verbrannt im Feuer der atomaren Apokalypse. Kein lebender Mensch würde ein europäisches Pompeji je wieder ausgraben können. Der Mensch hätte endgültigere Arbeit geleistet als der Vesuv. Das also die zweitgrößte Schande kriegerischer Hybris, ein Verbrechen, das sich der Mensch erlauben könnte, aber schämen müsste. Doch, was ist der Krieg, falls es durch ein Wunder nicht bis zum Äußersten eines Weltkrieges kommt? Krieg allein, was ist das? Krieg das ist das Sterben von Menschen, von unseren Jungen und Mädchen, unserer menschlichen Zukunft. Aber sie „sterben" eben nicht einfach so. Man stelle sich das nicht so vor, dass da eine Kugel fast unbemerkt in Kopf oder ins Herz eines Menschen eindringt und kaum dass er begreift, was ihm da geschieht und noch ehe er sich klar wird, dass er im Begriff ist zu sterben, ist er bereits ohne Schmerz und tot? Nein, so einfach ist das im Krieg nicht. Da kommt nämlich viel häufiger eine Granate gepflogen, und die zerreißt einem den Bauch, lässt die Därme heraustreten, zerfetzt die Leber und die Blutgefäße und unter wahnsinnigen Schmerzen strömt das Leben langsam aber unaufhörlich und unaufhaltsam aus dem Körper. Und das unseren Kindern und Enkeln, denen wir ein schönes und gutes Leben ersehnt haben. Oder noch anders, da zerschmettert die Granate einem das Haus über dem Kopf und ein herabfallender Balken oder ein Eisenträger zerschmettert dem Menschen die Schulter und den Brustkorb, ein Splitter bohrt sich – falls das Schicksal ihm gnädig ist in sein Herz – ansonsten muss er elendig und vor Schmerz brüllend – soweit er dazu noch Luft hat – verenden. Das ist Krieg und das ist das Getötetwerden von Menschen im Krieg. Menschen, die einmal von einer Mutter unter Schmerzen geboren wurden. Einer Mutter die sich für ihr Kind wünschte, dass es zu einem reifen, guten Menschen heranwachsen möge, „edel, hilfreich und gut"; um so einmal das edle Gut von Menschsein und Menschlichkeit weiterzugeben an Kinder und Enkelkinder. Einer Mutter, die die Botschaft hörte, „Friede auf Erden und den Menschen ein Wohlgefallen". All diese Hoffnung mit einem Schlag ⊠ für den sterbenden Menschen aber in der Qual der Minuten seines elenden Sterbens – ausgelöscht und auf Nimmerwiedersehen vernichtet und erledigt. Wollen wir das wirklich? Können wir das auch nur je einem Menschen wünschen oder antun wollen? Müssten wir nicht angesichts solcher Schreckensbilder vor Scham und Entsetzen uns wie Teufel fühlen und alles bereit sein zu tun, nur um nicht Urheber und Mittäter solcher Gräuel zu werden oder zu sein? Ist es angesichts dessen zu rechtfertigen, dass weiterhin Waffen und Munition für Profit produziert und in Kriegsgebiete gesandt werden und wir so weiter dazu beitragen, dass Menschen bestialisch grausam leidend zu Tode kommen? Ist es zu rechtfertigen, dass wir weiterhin von einem „gerechten Krieg" sprechen? Es gibt keinen gerechten Krieg, weil jedwedem Krieg die Gerechtigkeit abgeht, die ihm zuvörderst vorausgehen müsste. Ungerechtigkeit in der Welt ist allemal die Voraussetzung für jeden Krieg. Alle Kriegsgründe, wie „Vaterland verteidigen", „Ehre wiederherstellen", „Volk ohne Raum", „Verteidigung der Freiheit und oder der Demokratie" und auch „Heiliger Krieg" sind vorgeschobene Gründe um machtpolitische Ränke zu befriedigen. Krieg kann niemals heilig sein. Heilig ist nur der Friede. Um den ganzen unmenschlichen Unsinn aufzuzeigen, der entsteht, wenn Menschen indoktriniert und irregeführt werden, erzählt Norbert Blüm eine Erlebnis aus dem 2. Weltkrieg. Blüm war mit seiner Mutter bei einer Bäuerin – als Schutz vor den Fliegerangriffen auf dem Lande untergebracht und berichtet:

„Eines Tages stand Frau Frangel stramm vor meiner Mutter und wies auf ein Bild hin, das mit einem schwarzen Trauerflor umrahmt im Eingang ihres Hauses hing. ˈDas ist mein Sohn Ernst, der in Russland gefallen istˈ sagte sie triumphierend. Und jetzt kommtˈs: ˈIch bin stolz, meinen Sohn dem Führer geopfert zu haben`. Ich sehe noch den Glanz in ihren Augen, während sie dies sagte." „Aber so viel kapierte mein kleines Kinderhirn schon damals: Eine Mutter kann nicht stolz sein, wenn ihr Sohn erschossen wird."

Nur der Friede stammt aus einer Sphäre, die wir die Heilige nennen. Der Krieg ist das Erbe, das uns die Evolution aus dem Tierreich hinterlassen hat. Mit dem Beginn der geistigen Evolution hin zu einer kulturellen Menschheit und Menschlichkeit ringt das Heilige in uns und über uns darum, ein Neues in die Evolution des Lebens einzubringen. Das Neue ist etwas, was wir nicht erzwingen und berechnen können, wie wir es ja erleben, wenn wir aufmerksam registrieren, dass es uns eben nicht gelang, nach dem verheerenden 2. Weltkrieg, alle kriegerischen Konfliktlösungen zu verwerfen und neue Verhaltensmuster zu finden. Das Alte, der Krieg, beherrscht unser Reptilgehirn aus der Evolution noch immer unausrottbar. Somit müssen wir erst einmal begreifen, dass der Krieg zum Alten gehört und dieses Alte muss zunächst einmal als solches erkannt und verworfen werden. Nichts daran und davon dürfen wir erhalten wollen. Und erst dann sind wir in der Lage das Neue, das in uns unberechenbar und geschenkt wachsen will, in uns aufzunehmen und anzunehmen. „Friede auf Erden und den Menschen ein Wohlgefallen ist also ein „Weihnachtsgeschenk", das wir erst dann zu unserem Nutzen in Besitz bekommen, wenn wir das Alte nicht mehr als eine Chance, als Fortsetzung der „Politik mit anderen Mitteln", begreifen. Es gibt keinen Fortschritt aus diesem Denken des Alten heraus, wir müssen uns demutsvoll das Neue, den Frieden schenken lassen. Aber das Alte müssen wir bereit sein, zu verbannen und nicht mehr als Möglichkeit zu begreifen. „So tief wie möglich müssen wir die Tatsache erfassen, dass die vergangenen Dinge alt geworden sind, dass sie unser Zeitalter zerstören, gerade [auch] dann wenn wir ihr Bestes erhalten wollen."[93]

Da stoßen 2019 zwei Kampfjets der Bundeswehr über einem Urlaubsgebiet in Mecklenburg-Vorpommern zusammen, stürzten ab und ein Pilot kommt ums Leben. Gefährdet werden zivile Siedlungsgebiete und sogar ein Kinderspielplatz. Die Antwort der Bundeswehr: „Die Bundeswehr muss dort üben, wo sie im Bedarfsfall auch verteidigt." Die Debatte um die Notwendigkeit solcher Übungen wird im Wesentlichen nur dar-

---

93 Paul Tillich, In der Tiefe ist Wahrheit, Ev. Verlagswerk, Stuttgart, 19522, S. 171

auf bezogen, ob dafür Urlaubsgebiete genutzt werden dürfen. Dagegen schrieb ich einen Leserbrief mit dem Wortlaut:

„Das ist ja wohl lächerlich, sich zu streiten ob man über Urlaubsgebieten solche militärischen Spielchen durchführen darf oder nicht. „Wann wird man je versteh'n?", dass alle solche Kriegshandlungen völlig aus der Zeit sind und der homo sapiens nicht seinem Namen gerecht wird und weise wird. Kriege, insbesondere in der Zeit der Massenvernichtungswaffen – die in der Lage sind die gesamte Menschheit auszurotten – sind doch ein Relikt aus der Steinzeit. Unsere heutigen Steinzeitmenschen, die immer noch Krieg spielen wollen haben den kulturellen Schritt ihres Reptilgehirns zu einem Denken und Handeln als kulturelle, humane, edel denkende weise Menschen noch nicht vollzogen. Man stelle sich doch einmal vor, wir würden gemäß Goethes Satz „Edel sei der Mensch hilfreich und gut" einmal wirklich friedfertig handeln. Dann würden die Gelder für solche teuren Spielzeuge wie Kampfjets und ihre Einsätze dazu verwendet werden können um friedfertiges Aufeinanderzugehen zu „üben". Dann würden wir unter Umständen die Finanzen dazu verwenden können, um mit dem „Feind" so würdevoll umzugehen, dass er sich nicht gedemütigt sondern anerkannt fühlt. Dann würde wir diesem „Feind" mit Geld bei seien Schwierigkeiten helfen können, seine wirtschaftlichen und/oder sozialen Probleme zu lösen. Dann würden wir aus „Feinden" „Freunde" machen. Doch wann wird man je versteh'n?"

Zusammen mit dem Bemühen das Alte als Altes zu begraben gehört auch, dass wir die „Macht des Alten zerbrechen, nicht nur in der Wirklichkeit, sondern auch in unserem Gedächtnis." Denn solange nicht die Macht des Alten in uns zerbrochen ist, ist sie „als Schuld gegenwärtig". Gegenwärtig ist sie nur dann nicht mehr, wenn zuvor Vergebung gewährt und erfahren wurde. „Vergebung bedeutet das Ausstoßen des Alten in Realität und Gedächtnis zugleich, durch die Kraft des Neuen, das nie das rettende Neue sein könnte, wenn es nicht die Vollmacht der Vergebung in sich trüge."[94] Doch es ist „imstande diesen furchtbaren Kreislauf von Fluch, Strafe und neuem Fluch zu zerbrechen, die Schuld zwischen Nationen... ⊠ in der Alten und der neuen Welt – jenen alten Fluch, der durch die Schuld der einen Seite immer neue Schuld auf der anderen Seite hervorbringt". Paul Tillich sagt dann zum Abschluss

---

94   Tillich a.a.O: S. 172

in seinem Kapitel „Siehe alles ist neu geworden": „Liebe ist die Macht des Neuen in uns allen und in aller Geschichte... sie überwindet Schuld und Fluch", ... und „auch noch heute bereitet sie eine neue Schöpfung vor" [95]. Das Neue kann vernommen werden, vernehmt ihr es nicht?" Es gibt also doch einen Weg aus dem unheilvollen Verhängnis von Krieg und Vernichtung heraus; die Wegmarken heißen: „das Alte verwerfen", ebenso das „weiter so", und keine Gerechtigkeit in einem sog. „gerechten Krieg" suchen, Krieg ist nicht die „Fortsetzung der Politik mit anderen Mitteln", sondern das Alte, das wir verwerfen und hinter uns lassen müssen.

Zu dem was wir hinter uns lassen müssen gehört gegenwärtig auch das, was Norbert Blüm in „Aufschrei"[96] ein „Konglomerat von Wirtschaftsinteressen, religiösen Fanatismen und politischer Herrschsucht" nennt. „Die Gefahr" – so schreibt er weiter, indem er an die Gefahren der Situation im Nahen Osten denkt – „die Gefahr entspricht der Sprengkraft einer Superbombe, mit der ein neues Kriegszeitalter eingeläutet wir, in dem neue Völkerwanderungen als Flüchtlingsströme ausgelöst werden. Es könnet die Totenglocke der zivilisierten Welt läuten, die von einem barbarischen Zeitalter beerbt wird."

Statt dessen lasst uns auf die Liebe schauen, und auf die Vergebung aller unserer Schuld vertrauen, wie auch wir vertrauensvoll in Liebe vergeben [wollen] allen unseren Schuldigern. Suchen wir den gerechten Frieden, er ist uns versprochen, und glauben wir fest daran, dann hat das Leben auf der Erde eine Chance.

Bevor wir uns aber nun mit dem o.g. Positivszenario zusammen überlegen, was zu tun ist, um diese sinnlose, inhumane und verbrecherische Vision zu überwinden und wo Hoffnungsanzeichen zu finden sind, sollten wir uns zuvor noch mit dem Problem unserer Angst beschäftigen. Und wir sollten uns mit dem oben zitierten Milan Machovec und den Erkenntnissen aus seinem Buch „Rückkehr zur Weisheit" beschäftigen, d.h. bei ihm anfragen, wie es zu solchen Verwerfungen im Fortschrittsdenken der zivilisierten Menschheit gekommen ist.

---

95 a.a. O. S. 173
96 Westendverlag , Frankfurt/Main 2016, S. 29

5.4.2. The German-Angst

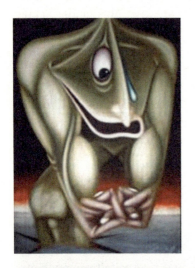

97

Man sagt diese German Angst sei ein typisches Produkt bei den Deutschen, überängstlich und panisch zu reagieren und würde sich aus traumatisierenden Erfahrungen des 2. Weltkrieges heraus erklären. Diese

97   Bilder von Miloš Kurovsky, Prag

98

German–Angst wird meist aber spöttisch oder höhnisch schmähend, ein wenig verachtend gegenüber den Deutschen ausgesagt.

Demgegenüber möchte ich hier darstellen, dass diese German Angst wohl das wertvollste Ergebnis und die positivste Nebenwirkung/Nachwirkung der Erfahrungen des 2. Weltkrieges darstellt.

Angst ist ja ein dem Menschen gegebenes psychisches Geschenk in der Evolution zur Menschwerdung. Durch die Angst wird der Mensch vor anstehenden Gefahren gewarnt und veranlasst, sich angemessen gegenüber solchen Gefahren zu verhalten. Der Steinzeitmensch tat gut daran, wenn er das Knurren eines Säbelzahntigers hörte und Angst davor bekam, schleunigst die nächstbeste Höhle aufzusuchen, um sein Leben zu retten. Hätte der Steinzeitmensch nicht so reagiert, wäre die Menschheit vermutlich nicht zur kulturellen Menschheit aufgestiegen, sondern wäre vorher schon als Art ausgerottet worden. Angst ist ein Evolutionsgeschenk, oder ein Schöpfungsgut Gottes für den, der Gott als den Schöpfer als Urheber der Menschheit glauben kann.

Und nun also betrachten wir diese sogenannte German-Angst. Was geschah in den Jahren 1939-1945? Der Zweite Weltkrieg von 1939 bis 1945 war der zweite global geführte Krieg sämtlicher Großmächte des 20. Jahrhunderts und war der bisher größte und verlustreichste Konflikt der Menschheitsgeschichte. Deutschland wandte sich kriegerisch sowohl gegen die Nationen der westlichen Demokratien als auch gegen die sowjetischen Völker der sozialistischen Gesellschaftsordnung. Die Gefahr der Völkervernichtung war für die überfallenen Nationen offenbar so groß, dass sie die gesellschaftlichen Differenzen ihrer Systeme überwandten und gemeinsam als Alliierte gegen diesen Aggressor zu Felde zogen. Äußerer Vorwand/Aufhänger war dabei die Aussage, man müsse den Völkermord an den Juden verhindern. Diese sehr menschlich angedachte Begründung der Kriegsführung gegen Hitlerdeutschland ging allerdings ins Leere, da die Shoa während der ganzen Zeit des Krieges weiterhin durchgeführt wurde und so der Völkermord nicht verhindert wurde. Es scheint so, dass Kriege einen Völkermord nicht verhindern können, Kriege kommen dazu immer zu spät. Doch die Kriegsgräuel, die Deutschland während des Krieges den Völkern in Ost und West zufügte war nun so groß, dass daraus ein gewaltiger Hass auf Deutsche aufgebaut wurde. Entsprechend waren dann auch die Gegenwehrmaßnahmen den

Deutschen gegenüber. Ich erinnere mich, dass ich während eines Fliege-rangriffes – nach Auslösen des Fliegeralarms – mit Angehörigen in den nahegelegenen Betonbunker rannte und ein britischer Tiefflieger uns Zivilisten mit Bordwaffen beschoss. Er zielte nur 2 Meter daneben, so dass ich heute diesen Bericht abgeben kann. Die oft brutalen Übergriffe in den ersten Monaten nach Kriegsende durch die sowjetischen Sieger sind den Deutschen so noch in Erinnerung. Die sowjetische Militärfüh-rung befahl dann allerdings bald unter Androhung von drakonischen Strafen, solche Übergriffe zu unterlassen. Von den westlichen Besatzern vernahm man andere, meist psychologische Vergeltungshandlungen, die die Deutschen klein und abhängig machen sollten.

Und was empfanden die Deutschen selbst? Als die Fähnchen auf der wandgroßen Landkarte nicht mehr vorwärts in Richtung Landnahme in Frankreich, Norwegen und Russland gesteckt wurden, sondern rück-wärts, in Richtung der eigen Heimat, wurde die Stimmung im deutschen Reich bedrückter und Furcht und Schrecken breiteten sich nicht nur wegen der immer zahlreicher und schrecklicher werdenden nächtlichen Bombenangriffe aus, sondern man bedachte nun auch, dass und was deutsche Soldaten und die SS in den besiegten Ländern wohl angerich-tet haben mögen. Die Deutschen nahmen nun wohl erst wirklich wahr, was es bedeutet hatte, dass eine Masse Deutscher dem Goebbels lauthals mit „Ja wir wollen den totalen Krieg" skandierend zustimmte, als er sie fragte: „Wollt ihr den totalen Krieg?". Und dann wurde es schmerzlich deutlich, was der Ausspruch von der „verbrannten Erde" wohl zu bedeu-ten hatte. So kam erstmals schon Furcht im Volke auf, wenn man an eine kompromisslose Kapitulation dachte. „Was machen die mit uns wo wir doch kompromisslos mit diesen Völkern umgegangen sind? Mein Schwiegervater – in sowjetische Kriegsgefangenschaft gekommen und dort im Gefangenenlager an einer Infektionskrankheit erkrankt und verstorben – hatte wohl keine moralische/psychische Widerstandskraft mehr, diese Krankheit zu überstehen. Er meinte - wohl zu Kameraden gesagt - die dann doch dem Lager entkamen: „Die Russen bringen alle unsere Frauen und Kinder und dazu alle Anverwandten gnadenlos um!" Stand dahinter eine Sicht dessen, was unsere Wehrmacht und die SS, wohl dort in Russland getan hatten?

Zu dieser Angst vor der Vergeltung durch die „Feinde", denen Deutschland übel mitgespielt hatte, kam die direkte Angst, die jeden Deutschen tagtäglich durch die Einwirkungen des Krieges erreicht hatten. Nacht für Nacht, so erinnere ich mich noch mit Grauen, mussten wir meist dreimal in dieser Nacht aus dem Bett aufstehen um –anfangs in den Luftschutzkeller – und später in den Hochbunker zu eilen, wenn uns unser Leben lieb war. Jede Nacht diese Angst, die Bomben der Flugzeuge über uns könnten uns schneller töten als wir in den Bunker kämen. Todesangst, dreimal jede Nacht. Dazu Schlafentzug und die Angst um Hab und Gut, wenn die Bomben nächtlich das Elternhaus treffen würde.

„Ich habe den Krieg nicht an der Front erlebt –schreibt Norbert Blüm[98] –, sondern als Kind in Luftschutzkellern bei Fliegeralarm. Nie im Leben habe ich mehr Angst gehabt als im Bombenhagel bei Fliegeralarm."

Und dann war es einmal so weit. Nicht die Nachbarhäuser waren zerstört und davor weinende Bewohner, unsere Nachbarn, sondern das eigene Wohnhaus war nur noch ein Trümmerhaufen. Alle Verhältnisse, alle Dinge des täglichen Lebens, was bis dahin das Leben eines Erwachsenen oder Kindes ausgemacht hatte, war über Nacht nur noch ein Häuflein, Schutt, Müll und Dreck. Der Vater suchte aus diesem Dreck noch die Überreste von zerfetzten Büchern heraus. Die Mutter versuchte aus dem Trümmerberg zu retten, was evtl. noch an Bettwäsche und Kinderbekleidung zu finden war. Es war fürchterlich.

Andere Schicksale spielten sich in den Gegenden ab, in die der vorrückende „Feind" nun einzog. Die Menschen, aus Angst vor Vergeltung an Leib und Leben flohen, ihre Wohnstätten und Habe zurücklassend und hofften, dass in den noch nicht besetzten Teilen Deutschlands, die Menschen ihnen wenigstens Unterkunft gewähren würden. Das Leben der Deutschen war entwurzelt und zu der Angst des bereist Ausgestanden kam die Überlebensangst für Gegenwart und Zukunft. Wovon sollen wir leben, wer gibt uns Arbeit oder Essen und Trinken? Wie wird man mit uns in der Zukunft verfahren? Ein einziges Angst- und Befürchtechaos! Nicht zu vergessen darf hierbei, dass zu allen diesen Ängsten bei den in der Heimat Verbliebenen noch die Angst um die Väter, Ehemänner, Söhne, Brüder und Enkel kam, die noch an der „Front" auch tagtäglich noch dem Tod ausgesetzt waren, ausgesetzt der Gefahr, jederzeit von einer feindlichen Kugel zu Tode getroffen zu werden oder von

---

98   In „Aufschrei- wider die erbarmungslose Geldgesellschaft"; S. 119

einer Granate zerfetzt zu werden. Kommen unsere Soldaten heil von der "Front" zurück zu uns? Das Wort „Schlachtfeld" bekam eine neue schauerlich makabre Bedeutung. Ein Feld, wo unser lieber Sohn, Vater, Bruder „geschlachtet" wird. Da war nun nichts mehr mit der Bedeutung vom „Feld der Ehre". Und diese Soldaten selbst? Die Väter hatten doch diese ihre Jungen dazu erzogen, „edel und hilfreich" zu sein, keiner Kreatur unnötig Lied zuzufügen, das Leben anderer und aller Lebewesen zu achten und zu bewahren, sie haben es den Kindern zur inneren Natur werden lassen, dass Mord und Totschlag unmenschlich und schandbar sind, „so etwas tut man nicht". Diese Väter und diese so erzogenen Jungen, die sich auch nach dem bürgerlichen Gesetz der Strafe bewusst waren, dass auf Mord hohe Strafe stand, wurden nun dazu verpflichtet, auf jeden Soldaten, der nur eine andere Uniform trug als er selbst, einen todbringenden Schuss abzugeben: „Ich töte nun, weil mir das hier nicht nur erlaubt, sondern gar befohlen wird(?)" Mein eigener Onkel Fritz, der auch „eingezogen" wurde – wie man das verniedlichend sagte – konnte das nicht, er konnte keinen anderen Menschen einfach so erschießen: „Ich habe immer höher über die Köpfe hinweg geschossen!", sagte er mir, voller Schuldbewusstsein, Angst und Grauen in der Stimme. Ein alter Landser, der das auch nicht mehr aushalten und mitansehen konnte, wie ebenso am Kriegsende beim sogenannten „Volkssturm" noch Schüler eine Panzerfaust in die Hand gedrückt bekamen, mit denen sie auf anrückende US-Panzer feuern sollten. Dieser Landser sagte zu den Jungen – meinem Cousin – „Jungs, für Euch ist der Krieg zu Ende, ihr kennt hier die Gegend, schleicht Euch nach Hause und kommt nicht wieder!" Möge Gott oder das Glück diesem edlen Menschen gnädig gewesen sein und auch ihn wohl nach Hause haben kommen lassen. Das sind germanische Ängste, die so gewiss auch bei den Soldaten anderer Nationen vorhanden waren.

Und nun die Frage der Bewältigung der Angst. Was machte diese German-Angst damals mit uns, mit uns ganz Jungen, die noch nicht zum Volkssturm mussten, mit den Müttern und Schwestern, mit den Großeltern und dann mit den irgendwie doch heil aus diesem verfluchten Krieg heimgekommenen Soldaten? Wir hatten nun die Angst, vor den Soldaten der Völker, die uns als Feinde eingeredet worden waren. Unsichtbar bleiben, nicht auffällig werden, wenn der „Feind" in der Nähe war. Aber man musste doch auch essen und sich kleiden. Das war nun lebensnotwendig, die Angst, zu verhungern und zu erfrieren machte erfinderisch. Oma nähte aus allem Alten was irgendwie aufzutreiben war, Fenstervorhänge, Schafdecken, Militärmänteln, die der Vater aus dem Krieg mitgebracht hatte und so vieles andere Hosen, Röcke und Jacken und sie strickte Socken und Pullover aus jeglichem Garn, Bindegarn aus der Landwirtschaft, alles was irgendwie auftreibbar war. Schuhe, nein eher Latschen, wurden aus alten Autoreifen geschustert. Und so „angezogen" gingen wir dann „Ährenlesen" oder „Kartoffeln stoppeln" auf abgeerntete Felder, die der Bauer aber schon dreimal selbst nachbelesen hatte. Die Ähren wurden ausgedroschen, man lernte wieder, wie man das mit sogenannten Flegeln macht. Und die Körner wurden dann in Omas alter Kaffeemühle zu einem Gemisch aus Kleie, Mehl und Grieß gemahlen. Daraus wurde dann Kleiesuppe oder „Klump" gekocht, auf der heißen Herdplatte Küchlein gebacken. Hatte man zum Glück auf dem abgetragenen Kartoffelacker noch ein paar Kartoffeln gefunden, wurden die mit Schale auf der Reibe gerieben, Zwiebeln dazu gegeben und ebenfalls auf der Herdpaltet zu „Kartoffelpuffern" gebacken. Herrlich, die heißen Kartoffelpuffer im Winter in der Hosentasche zu tragen auf dem Weg in die Schule. Ja und die Zwiebeln? Die musste man auch selbst „erzeugen". Ein Stück Garten- oder Felderde musste man schon erobert haben, um darauf oder darin Gemüse, Mohrrüben und alles sonst Essbare selbst zu erzeugen. Und sei es ein großes Fass mit Erde auf dem Balkon. Selbst dort konnte man auch sogar Kartoffeln „ziehen". Die Angst, die Kinder nicht ausreichend gut zu ernähren machte Eltern und Großeltern zu „Viehzüchtern". Meist begann das mit einem Paar Kaninchen auf dem Balkon oder im Hinterhof. Wenn und wo irgendwie Platz vorhanden war oder eingerichtet werden konnte, kamen dann Hühner und Ziegen hinzu. Da gab es nun Eier, Milch und Quark und vielleicht sogar Butter, den heranwachsenden Kindern war irgendwie geholfen. Und wir Kinder wurden auch von der Angst erzogen. Da gab es kein Maulen: „Wir möchten aber doch spielen!" Nein, schon aus Angst nicht genügend zu essen zu bekommen, machten wir alles mit, was uns aufgetragen wurde; Ährenlesen, Kartoffelstoppeln, Garten umgraben, Futter für die Tiere holen, Heu wenden, Laub sammeln für den Kompost, Pferdeäpfel aufkehren – denn es gab damals noch Pferde auf den Straßen – ebenfalls für den Garten und so weiter. Die Eltern, hauptsächlich ja Mütter räumten den Bombenschutt der zerbombten Häuser weg, klopften die noch intakten Mauersteine ab, damit man sie wieder gebrauchen konnte, entweder im kommunalen Auftrag für Gebäude in der Kommune oder privat für Kaninchenställe, Lagerschuppen und dergleichen. Die Angst, wie es weiter gehen sollte, lag tief. Kranke Menschen, Frauen, die sich eigentlich schonen sollten, verdingten sich beim Bauern, um auf der Dreschmaschine in Staub und Hitze zu arbeiten, nur um am Ende des Tages vielleicht eine Tüte Erbsen oder Mehl zu bekommen. Die Angst trieb ehrbare Töchter auf die Straße, sich anbietend den fremden Soldaten, um ein paar Strümpfe oder einige Nahrungsmittel zu ergattern. Aus Angst Hunger leiden zu müssen gingen wir Jungen auf die abgeernteten Felder und gruben Hamsterbaue aus. Warum? Die Hamster hatten doch Körner in ihrem Bau für den Winter gelagert, das aber brauchten wir für die Hühner als Futter. Der Hamster wehrte sich fauchend und angreifend. Aber der wurde einfach mit dem Spaten totgeschlagen. So setzten sich der Totschlag und die ungute moralische Haltung zum Leben einfach bei uns Kindern fort. Keine Ehrfurcht mehr vor dem Leben der Kreatur! Der Hamster wurde entweder den Hühnern zum Fraß vorgeworfen oder sogar feierlich im Freundeskreis, von der Mutter gebraten und gegessen.

Und hatte diese German-Angst auch positive Auswirkungen? Ich denke schon. Der Krieg kam als etwas so ausschließlich Grässliches und Unmenschliches im Nachhinein ins Bewusstsein, dass solche Sätze auftauchten wie: „Von deutschem Boden darf nie wieder Krieg ausgehen." Insbesondere – nach meinem Wissen - in der sowjetischen Besatzungszone waren alle Spielzeuge verboten, die nur irgendwie mit Krieg und Töten in Verbindung gebracht werden konnten. Das betraf dann auch Pfeil und Bogen, Steinschleudern und das Spielen mit Wurfgeschossen (Steinen, Erdklumpen). „Nie wieder solle eine Mutter ihr Kind beweinen"; war auch solch ein Satz in den ersten Jahren nach der Kapitulation. Diese positive Frucht der German-Angst kann man gar nicht hoch genug bewerten. Denn dieser Angst, die geboren wurde in dem Grauen des Getötetwerdens, des Zerberstens von Gebäuden und dem Zerfall vieler moralischen Werte, verdanken wir die edelsten Gefühle und Denkweisen, die uns in die Lage versetzen können, wirklich den „Frieden auf Erden" herbeizuführen, einem Frieden in dem der Dichter wieder postulieren kann: „Edel sei der Mensch, hilfreich und gut, denn das unterscheidet ihn von allen Wesen die wir kennen." Ohne diese Angst, die vor dem Grauen des Krieges aufrechterhalten werden muss, wird sich wohl keine „edle, hilfreiche" Gesinnung aufrechterhalten lassen. So also ist viel zu wenig dieser German- Angst noch unter uns. Und den Rest davon will man nun uns und unseren Kindern austreiben, indem man in Deutschland die Bundeswehr salonfähig machen möchte. Man will sie in den Kommunen und Städten mit Musik und Trallala bei „Gelöbnissen" auftreten lassen. Was sind diese feierlichen Gelöbnisse? Es sind die makabren Inszenierungen, jungen Menschen ⊠ nun schon Jungen und Mädchen – entgegen dem bürgerlich moralischen Verhalten und gegenüber einem Töten, dass man bei Strafe und aus Sittlichkeit so etwas nicht tut – beizubringen, dass nun im Krieg das Töten nicht nur erlaubt, sondern gar angebracht ist, nicht verwerflich, sondern sogar erstrebenswert.

„Nach dem zweiten Weltkrieg setzte dann aber erst einmal eine Selbstbesinnung ein. Wohin waren wir gekommen? Auschwitz, wie war so etwas möglich? Das Nachdenken blieb nicht folgenlos. Die europäische Einigung war eine Konsequenz aus den Wirren der Ideologien, die das 19. Jahrhundert geboren hatte. Europa, Hitler hinter sich und Stalin neben sich erinnerte sich an sein vornehmstes Erbe: die Würde des Menschen, ... der Idee von der unverwechselbaren, unaustauschbaren Einmaligkeit des Menschen. Die Nachkriegszeit war die Zeit eines moralischen Aufbruchs zu alten, verlassenen Ufern. ..." „Grenzen weg ...Die Jugend Europas lag sich in den Armen. Wir Kinder des Krieges fühlten uns wie von einem Angsttraum befreit"[99]. Das war die German-Angst real, kein solch imaginäres, lächerliches Angstgebilde, womit Deutsche verspottet werden. Doch diese Selbstbesinnung scheint vorbei zu sein und die German-Angst will man uns dann auch baldigst ausreden. Nun heißt es wieder „Respekt und Unterstützung für die "Arbeit" (⊠ so nennt man das Schlachten von Manchen auf dem Schlachtfeld wieder –) der Soldaten ..., die unsere Freiheit verteidigen." Nun „wolle man (wieder) die Präsenz der Bundeswehr in der Öffentlichkeit erhöhen"... durch öffentliche Gelöbnisse." „Die Bundesweht gehöre erkennbar und sichtbar in

---

99   A.a. O. S. 113

die Mitte der Städte und Gemeinden"[100]. Uns Kindern des 2. Weltkrieges klingt es da in den Ohren:

„Wenn die Soldaten durch die Stadt marschieren,
öffnen die Mädchen Fenster und die Türen,
ei warum, ei warum,
ei nur wegen 'm dschingtarassa, dschingtarassa bum,
ei nur wegen 'm dschingtarassa, dschingtarassa bum.
Nur haben „unsere Soldaten" damals schier für eine andere Ideologie gekämpft und getötet und die hieß damals „Vaterland", oder „arische Rasse" und „Volk ohne Raum". Und so sangen wir dann auch
„Es steht ein Soldat am Wolgastrand,
hält Wache für sein Vaterland
In dunkler Nacht allein und fern..."

Und da sollte der Hitlersoldat nicht etwa an einen Russen denken, der da für seine Heimat stand, sondern an einen Deutschen im Kampf für diesen neuen Raum für unser deutsches Volk. Und dann wurde noch gesungen:

„Panzer rollen in Afrika vor ..."
Da kannten die Nazis noch nicht den Slogan von der Eingreiftruppe und der Eingreifaktion für humanitäre Hilfe bedrohter Völker. Da ging es noch ganz einfach und offen um „wirtschaftliche Interessen", so wie das dann derzeitig der Altpräsident Köhler für unsere Einsätze am Hindukusch ausplauderte.
Schmissige Militärmusik – wie:
„Vorwärts, vorwärts schmettern die hellen Fanfaren
Vorwärts vorwärts, Jugend kennt keine Gefahren..." ☒
sowie wehmütige und liebesrührige Lieder, mit denen man die „Präsenz", die Erkennbarkeit des Soldatseins („es ist so schön Soldat zu sein, Heidemarie!") auch damals in die „Mitte" der Gesellschaft holen wollte und holte. Die waren dann tatsächlich so in der Mitte der Gesellschaft angekommen, dass diese Mitte den totalen Krieg mitzutragen bereit war, bereit gemacht wurde. Nur die Soldaten, unsere Söhne und Väter kehr-

---

100 So die neue Ministerin bei ihrer Vereidigung am 24.07.2019

ten nicht mehr vollzählig in diese unsere Mitte zurück.

Heute wünschte ich mir daher, dass die German-Angst diese Selbstverständlichkeit von Soldatsein und deren Einsätze verhindert. Die German-Angst könnte/sollte ein Bollwerk gegen die Geschichtsvergessenheit bilden, dass Kriege und gewaltsame Aktivitäten noch nie einen Konflikt wirklich gelöst haben. Der Konflikt schwelt je immer weiter und bietet/bot die Möglichkeit, selbst nach Jahrzehnten und Jahrhunderten unlösbare Zustände heraufzubeschwören. Wir sehen das ja heute am Syrienkonflikt, und erinnern uns – geschichtsbewusst – daran, dass einst am Ende des Osmanischen Reiches der Nahe Osten per Bleistiftstrich auf der Landkarte zwischen Briten und Franzosen, ohne Ansehen der dort lebenden Völker, aufgeteilt wurde.

Und 1945, nach dem 2. Weltkrieg sangen wir dann trauernd und nachdenklich mit Marlene Dietrich:

Où sont les soldats ? Dis-moi
Maintenant où sont-ils ?
Dis-moi où sont-ils allés ?
Que s'est-il passé ?
Où sont les soldats ? Dis-moi
Le vent lèche les tombes déjà
Le saurons-nous un jour ?
Le saurons-nous un jour ?
Sag wo die Soldaten sind,
Wo sind sie geblieben?
Sag wo die Soldaten sind,
Was ist geschehen?
Sag wo die Soldaten sind?
Über Gräben weht der Wind
Wann wird man je verstehen?
Wann wird man je verstehen?

Sag mir wo die Gräber sind,
Wo sind sie geblieben?
Sag mir wo die Gräber sind,
Was ist geschehen?

Sag mir wo die Gräber sind?
Blumen wehen im Sommerwind
Wann wird man je verstehen?
Wann wird man je verstehen?

Ja, wann wird man je verstehen, dass mit dem Töten auf den Schlachtfeldern kein Frieden zu erreichen ist, keine Freiheit und keine Gerechtigkeit und erst recht kein Ende der Klimakrise und des Flüchtlingsproblems, die beide im Gegenteil mit diesem Kriegsspielen und dem Totschlagenwollen nicht gelöst werden können.

Gott und sein Heiliger Geist möge uns die German-Angst erhalten und reifen lassen, damit wir dadurch lernen zu verstehen, dass Frieden, Freiheit und Sicherheit nur(!) mit den Mitteln von Gewaltlosigkeit, dem Streben nach Gerechtigkeit und der Gewährung von Würde und Erbarmen zu gewinnen ist. „Wann wird man je versteh'n?

5.4.3. Menetekel

Da brennen Wälder ab und verstärken nicht nur die Hitze in Europa, sondern befördern weiteres CO_2 in die Atmosphäre, auf dass es noch wärmer wird. In den Wäldern lagern noch Mengen an Waffen aus den letzten europäischen Kriegen, die Feuerwehr kann dort kaum agieren und alternative Einsatzfahrzeuge und Bekämpfungsausrüstungen fehlen und werden nicht produziert.

In der ohnehin schon so trockenen Sahelzone in Afrika wird die Trockenheit immer größer. Der Tschadsee trocknet von einer Fläche Mecklenburg-Vorpommerns, auf die Fläche von Bremen zusammen. Aber der See und das mit ihm verbundene System aus Flüssen sind eine wichtige Wasserquelle für mehr als 30 Millionen Menschen. Diese Menschen fliehen in unübersehbarer Menge in benachbarte Länder, über Ländergrenzen, mit denen einst die Kolonialherren willkürlich Völker trennten.

Der Permafrostboden Sibiriens taut auf und entlässt Methan als Treibhausgas zusätzlich in die Atmosphäre. Das Klima heizt sich weiter auf.

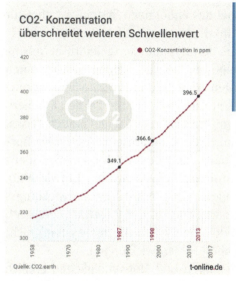

CO2- Konzentration
überschreitet weiteren Schwellenwert

● CO2-Konzentration in ppm

Quelle: CO2.earth

t-online.de

Jährliche Durchschnitsstemperaturen in Deutschland von 1881 bis 2018: Ein blauer Streifen zeigt ein kühleres Jahr an, ein roter ein warmes. (Quelle: showyourstripes.info/ Deutscher Wetterdienst)

Das Eis der Poolkappen schmilzt ebenso wie die Gletscher des Himalajas – ja, genau dort wo wir unsere Freiheit verteidigen(?)! - und dieses wertvolle Trinkwasserreservoir nicht nur für die Himaljabewohnervölker fließt ins salzige Meerwasser und ist so nicht nur für die Trinkwasservorräte der Menschheit verloren, nein, es trägt noch dazu bei, den Meeresspiegel zu erhöhen, um 1, 2, 3 oder 4 Meter?

Jedenfalls werden die ansteigenden Meeresfluten die seenahen Städte[101] ebenso überfluten, wie die nur einige Meter aus dem Meer ragenden Inseln auf denn aber Menschen leben und wohnen.

---

101 New York, Hamburg, Kairo u.a.

Die Folge, es werden nicht, wie heute aktuell - laut UNHCR - fast 68,5 Millionen Menschen auf der ganzen Welt auf der Flucht sein, sondern Milliarden. Und sie hoffen in unseren einst „gemäßigten" Breiten Zuflucht zu finden.

Die Industrie stellt weiterhin in großem Ausmaß Plastik her, die die Meere verseuchen, Fische sterben lassen und als Mikroplastik in unsere Nahrungsketten und ins Trinkwasser einwandern. Endokrine Disruptoren nennen das die Physiologen und erklären, dass diese Stoffe wie Hormone wirken und unser gesamtes hormonelles und physiologisches und endokrines System beschädigen. Die Steuerung der Körperfunktionen durch diese Botenstoffe (Hormone) des endokrinen Systems ist aber für den klinischen Alltag und ihrer Funktionen unerlässlich. Zu den endokrinen Organen im engeren Sinne gehören Hypophyse, Schilddrüse, Nebenschilddrüse, Nebenniere und Epiphyse. Sie alle werden gestört durch diese Mikroplasteteilchen und rufen Hoden- und Prostatakrebs, verringerte Spermienzahl, Unfruchtbarkeit, Hodenhochstand bei den Männern bzw. Brust-, Eierstock- und Gebärmutterhalskrebs bei den Frauen hervor. Außerdem wird ein Zusammenhang mit Schilddrüsenkrebs, Frühgeburten, Frühreife, Übergewicht, Diabetes und dem Aufmerksamkeitsdefizit-Syndrom (ADHS) vermutet. Stoffwechsel, Wachstum, Entwicklung, Schlaf und Stimmung wird besonders während kritischer Entwicklungsphasen – im Mutterleib, als Säugling oder in der Pubertät - erwartet. Es ist daher wichtig, dass das endokrine System (Hormonsystem) nicht nachhaltig gestört wird, sonst drohen Fehlentwicklungen.

Das alles sind Phänomene, Gefahren und Notwendigkeiten endlich zu handeln. Aber was man in der Tagespresse liest, ist heute, mit Verlaub so ordinär gesagt, einfach zum K...... .

Statt Finanzen bereit zu stellen für den Schutz unserer Wälder, für Bekämpfungsausrüstungen gegen brennende de Wälder mit Altmunition stellen wir weitere Millionen Gelder zur Verfügung, um neue Waffen herzustellen. Um „unsere Freiheit zu verteidigen", heißt es. Lachhaft. Die würden wir wirklich verteidigen, wenn wir dafür sorgen würden, dass die Gletscher des Himalajas nicht weiter abschmelzen, dass, der Tschadsee nicht weiter austrocknet, dass die Völker der Sahelzone nicht die Massenflucht ergreifen müssten, dass die Inselbewohner und die Menschen in den küstennahen Städten weiter Lebensmöglichkeiten dort vorfinden.

Wir sollten uns schon heute um die vermutlich kommenden Milliarden Menschen, die auf der Flucht sein werden kümmern. Wie können wir mit dieser Völkerwanderung umgehen, falls es uns nicht gelingen sollte den Klimakollaps abzuwenden? All dazu sollten/müssten wir Gelder zur Verfügung stellen. Diese würden unsere Sicherheit und Freiheit nachdrücklich sichern, aber nicht neue und u.U. gefährlichere Waffen, die nur dazu angetan sind unsere Menschheit dem absoluten Ende entgegenzuführen. Denn das müsste jedem einigermaßen deckenden Menschen klar sein, Waffen können weiter nichts als Menschen töten. Und je verrückter diese Waffen sind, umso unmenschlicher sind sie. Da werden aus Drohen unschuldige Menschen abgeknallt, die nur am falschen Ort zur falschen Zeit dort anwesend waren. Da werden Zivilisten durch fallende Bomben und einstürzende Häuser zermalmt und Soldaten durch Granaten zerfetzt und nicht zuletzt ganze Menschenmassen und Völker durch Atomwaffen atomisiert und ausgelöscht samt ihres kulturellen Gutes ringsum. Die Kultur und ihre zivilisierte Menschheit werden unwiederbringlich ausgelöscht. Und das alles für die Gier von ein paar Großindustriellen und ihrer Aktionäre , die aus all dem Gold zaubern. Gold wie einst König Midias, der dann die Götter bat, diese Gabe – alles zu Gold werden zu lassen was er anrührte - wieder zurückzunehmen, weil ihm nun alles, auch das zum Leben Notwendige, zu Gold wurde, was er nicht essen und trinken konnte.

Wir können wissen, dass es an ein Wunder grenzt, dass wir nach den zahlreichen Unfällen und rücksichtslosen Aktionen von führenden Politikern bis jetzt überhaupt überlebt haben. Wir können nicht erwarten, dass sich derartige Wunder einfachfortsetzen und wiederholen" (Noah Chomsky, s.u.). Wenn wir aber sagen: „Nach uns die Sintflut...", so wird Gott es wohl nicht weiterhin verhindern wollen, unsere selbst fabrizierte Selbstflut aufzuhalten.

Denn dieser Irrsinn, den die Menschheit befallen hat macht ja nicht Halt bei den ganz Großen und Politikern - die nun sogar noch die Bundeswehr in den Kommunen populär machen wollen – nein, auch schon die kleinen Funktionäre und die Medienakteure. Statt nämlich darin einzustimmen, dass Mikroplastik auch auf unseren Fußballplätzen verboten wird, um unsere Gesundheit nicht weiter zu ruinieren (.s.o), empfindet man die Forderung nach Einstellung von Gummi-Plastik auf Fußballplätzen „bedrohlich", weil dadurch doch der Gewinn der Vereine gefährdet werden könne. Also Gewinngefährdung vor Gesundheitsgefährdung. Und was sagen die Fußballfans dazu? Wachen wir langsam auf? Oder verzweifeln wir an unserer Vernunft? Ist der Mensch nun ein homo sapiens, ein weisser Mensch? Man darf zweifeln.

Stecken wir also halt noch mehr Gelder in die Sicherung unserer Freiheit am Hindukusch und in Mali nach dem Muster des Verteidigungsministeriums. Nach uns die Sintflut (s.o)! Ade du schöne Welt des menschlich bewohnten Planeten!

Weitere einschlägige Literatur:
- Norbert Blüm, „Aufschrei! – Wider die erbarmungslose Geldgesellschaft"
- Papst Franziskus, „Laudato Si"
- Noam Chomsky, „Kampf oder Untergang-Warum wir gegen die Herren der Menschheit aufstehen müssen"
- Burkhard Hose, „Seid laut!- für ein politisch engagiertes Christentum"
- E.U. von Weizsäcker /Wijmann, „Jetzt sind wir dran"
- H.P. Dürr, „Warum es ums Ganze geht"
- M. Machovec, „Rückkehr zur Weisheit"
- H.J.: Schellnhuber, „Selbstverbrennung"
- G.Loettel, „Jetzt müssen wir laut aufschreien"
- B. Winkelmann, Die Wirtschaft zur Vernunft bringen
- H. Lesch/Kamphausen, „Die Menschheit schafft sich ab" und „Wenn nicht jetzt, wann dann - Handeln in einer Welt in der wir leben wollen".
- U.v.a.

5.4.4. Warum belügen sie uns so?

An dieser Stelle der Untersuchung stellt sich augenscheinlich die Frage, ist den Leugner der Klimakrise eigentlich die Wahrheit der Gefährdung der Schöpfung durch den Menschen bewusst, oder nicht? Und wenn ja, warum belügen sie uns dann so? Man kann sich doch kaum vorstellen, dass einem Herrn Donald Trump nicht bewusst sein soll, dass die sich häufenden, vernichtenden Tornados, die die USA überziehen, nichts mit der nachgewiesenen steigenden globalen Erwärmung der Atmosphäre des Planeten und dem nachweislich kongruent gestiegenen CO_2-Anstieg zu tun haben soll. Also warum belügen sie uns dann? Ich halte mich einmal an einen Erklärungsversuch, den ich bei Jorge Bucay in seinem Buch „Komm ich erzähl Dir eine Geschichte"102 fand: Warum lügen die Leute? Weil sie etwas vertuschen wollen, etwas, was sie entweder angestellt haben oder aber versäumt haben. Und man will aber nicht für seine Fehler eigeradestehen. Man drückt sich vor der Selbstverantwortung. Aber „woher soll der Lügner wissen, dass er sich hätte vor etwas verantwortlich fühlen sollen? Wer legt seine Verantwortlichkeit fest? Bucai sagt: „Niemand, nur er selbst". Der Lügner fürchtet sich also nicht vor dem Urteil der anderen. Der Lügner hat sich schon selbst verurteilt und bestraft.... .Wer lügt versteckt sich vor seinem eigenen Urteil, seiner eigenen Bestrafung und seiner eigenen Verantwortung. Das Problem ist das desjenigen, der lügt:"

„Aber, etwas auf einer Lüge aufzubauen ist heikel. ... eine Lüge kann,... die Dinge eine Weile in die gewünschte Richtung laufen lassen, auch wenn der Lügende im Inneren weiß, dass es die falsche Form ist."
Nehmen wir das Beispiel der Leugnung des Klimawandels. Die Lügner und Abstreiter des Klimawandels wissen also um die Gefährlichkeit ihrer Ansicht, zugleich aber wollen sie als Vertreter oder Befürworter des Profitstrebens der betroffenen Wirtschaft, dass deren Profite durch ökologisches Handeln nicht geschmälert werden. Das Wirtschaften in der gefährlichen, unökologischen und den Klimawandel beschleunigenden Richtung soll weiterlaufen. Zugleich wissen sie aber auch, dass das die falsche Richtung ist und sie sich vor ihrer Verantwortung drücken. Nun fragt man warum? Man lügt in dieser Position meistens wenn man versucht, „Oberhand über eine Situation zu gewinnen". „Das heißt Macht..." Ja,... Macht. ... . Ich täusche dich, ich betrüge dich. Eine erbärmliche Macht, aber immerhin Macht." Und ein Herr Trump, möchte zu gern an der Macht bleiben!

Das andere Beispiel würde sich auf die Bestrebungen der Rüstung beziehen. Auch hier soll alles so in der gleichen Richtung weiterlaufen, mit Kriegsdrohungen, Auslandseinsätzen, Eingreiftruppen und Waffenexporten, um die Profite der Rüstungsindustrie nicht zu schmälern.

---

102 Bei Fischer TB, S. 252f

Man lügt und weis zugleich um das Versagen der eigenen Verantwortung, lügt weiter um sich der eigenen inneren Verurteilung zu entziehen und nimmt in Kauf, dass dabei sogar das gesamte Leben auf dem Erdball zerstört werden kann. Aber die Macht, und die betrifft nicht nur die Wirtschaftsmanager selbst und ihre Lobby, sondern auch die gewählten Vertreter von Regierungen, kann über jede innere Verurteilung und jedes Verantwortungsgefühl siegen.

5.5. Die Sackgassen des philosophischen und sozialen Fortschrittsdenkens im Laufe der jahrtausendealten Geschichte der Menschheit[103].

„Irgendwie muss es in der Entwicklung der Vernunft doch so etwas wie einen „Fehler" gegeben haben, einen unauffälligen, durch Erfolge verdeckten, deswegen so gefährlichen Irrtum .... „Solange man diesen Fehler nicht kennt und in der Arbeit ignoriert, kann man die Erde vor der Verwüstung nicht retten."[104] Einen ersten Irrtum und eine Ignoranz wirkt im „Unterbewusstsein aller Politiker wie ein Dogma der strengen Wachsamkeit, nie etwas zu tun, was von der Bevölkerung größere Opfer erfordern müsste, zum Beispiel Verzicht auf Bequemlichkeit"[105]

Aber wer ist nun verantwortlich für die Rettung unserer Lebenswelt? Gibt es ist denn „überhaupt jemand oder so etwas wie Kompetenz für den Planeten Erde, für seinen Schutz und für die Erforschung der planetarischen Tragweite dieser oder jener neuen Erfindung"?[106] Im Folgenden zitiere ich auch weiterhin die Ansichten und Analysen von Machovec (auf den Seiten 21-117 a.a.O.):

---

103 Nach Milan Machovec a.a.O. : Alle folgenden Sätze und Satzteile in Anführungsstrichen sind Zitate aus dem . Buch. "Die Rückkehr zur Weisheit – Philosophie angesichts des Abgrundes"
104 Milan Mahovec, "Die Rückkehr zur Weisheit – Philosophie angesichts des Abgrundes" S. 15
105 a.a.O. S.15
106 a.a.O. S.21

5.5.1. Die Wurzeln des Problems im Individualismus

Machovec sucht die Wurzeln der augenblicklichen gefährlichen Situation in der ganzen bisherigen Menschheitsgeschichte. „Der Mangel an Verantwortung für das Ganze und Universale stellt nur die Rückseite eines viel tieferen Prozesses dar, nämlich der ganzen Individuogenese, d.h. der allmählichen Entwicklung eines Individuums, das für unsere Zivilisation typisch ist." Es geht um Ego-First: „Während einiger Jahrhunderte ist dem Menschen der Sinn für alles Überindividuelle allmählich" zerbrochen ..... Alles hinter dem Horizont des Einzelnen wurde für ihn schließlich gleichgültig." „Das ganze Wohl reduziert man auf Profit, und diesen ganz einfach wieder auf die Geldmenge." Doch dieser „Missbrauch und Gefahr stellt nur die Rückseite der größten Erfolge der Menschheit dar. Das Reifen der Individualität war immer mit dem Reifen der Aktivität und der persönlichen Initiative eng verknüpft." Damit ist klar, dass die „gegenwärtigen Schwierigkeiten der >Gattung Mensch< offensichtlich nicht nur in den Gesellschaftsstrukturen stecken, ... dass es für das Wohl und für die Selbsterhaltung der Menschheit nicht genügt, das private Eigentum der Produktionsmittel als einer der Grundlagen des krankhaften Individualismus zu beseitigen."[107]

Und so kommt Machovec zu dem ernüchternden Fazit: „... nur etwas, was geschichtlich und sachlich ähnlich tiefe und alte Wurzel hat wie der Individualismus , kann die Gattung Mensch heute noch vor dem totalen Untergang retten:" Denn, „Die Gefahr hätte nicht so riesig werden können, wenn sie ihre Wurzeln nur im 20. Jahrhundert gehabt hätte."

5.5.2. Der Verlust der Weisheit

Hier geht es um den Verlust „wenigstens jenes Minimums der Weisheit lebendig zu erhalten, das heute für das bloße Überleben der Menschheit notwendig ist." Da stellten sich in der Vergangenheit einmal sogenannte letzte Fragen, nach dem Sinn von Leben und dem Ganzen des Kosmos. So auch z.B. die Frage: „Gibt es im Kosmos eine höhere Intelligenz als

---

107 Das schreibt der –auch marxistischen Philosophie lehrende ⊠ Philosoph, der genau in die innere Konstitution des real existierenden Sozialismus geschaut hat.

die unsere" und „wie konnten ....überhaupt aus der Materie so etwas wie unsere Intelligenz und unsere Sinnsuche entstehen?" Oder stellt der Kosmos doch (nur) ein Summe von Zufallen dar...?"

Von ... vorhistorischen Weisen gibt es durch alte Mythen und Sprichwörter einen... kontinuierlichen Weg bis zu uns. Je erfüllter aber die moderne Zivilisation durch Einzelheiten ist, desto machtloser ist der Einfluss dieser Tradition." Auch in den historischen Religionen wurden diese „letzten Fragen" angeboten und behandelt, doch die „Dogmatisierung hat diese Nachrichten von diesen großen Persönlichkeiten (dort) teils entstellt und teils verharmlost. Doch „die wirklichen Denker in der Neuzeit... lebten ohne Ausnahme in einer ständigen geistigen Verbindung mit den älteren Meistern von Sokrates, Plato und großen Denkern des Christentums bis hin zu den direkten Vorgängern ihres eigenen Denkens." Somit „kann man auch in der Weisheitssuche nur dann wirklich ausreifen, wenn man jeden Augenblick in sich auch den Reichtum der Weisheitssuche aller Epochen lebendig hält." „Sollten wir heute auch nur eine minimale Hoffnung auf das bloße Überleben haben, dann müssten relativ bald wenigstens einige von den großen Weisen der Vergangenheit wie Laotse, Sokrates, Aristoteles, Augustinus, Kant, Goethe, Masaryk, Gandhi... der gegenwärtigen Menschheit nicht nur bekannt, sondern in ihr lebendig sein..."

Aber es scheint, dass diese Weisheit nicht einmal in den Schulen gelehrt wird. „Die Schule bietet immer mehr (Einzelheiten) an, aber was in den Köpfen der Schüler bleibt, wird immer bedenklicher."

Darum auch ist der Unterrichtsstreik der Bewegung #fridaysforfuture nicht bloß ein Nebenprodukt, um gegen den Klimakollaps zu streiken, sondern darin steckt auch der Sinn, dass die Jugendlichen instinktiv erkennen, die Einzelheiten, die wir dort vorgesetzt bekommen, dienen nur dem „Weiter so" auf dem Weg in das Überlebenschaos anstatt einem Zugang zu neuen/alten Weisheiten, die unsere Fahrt in den Abgrund verhindern könnte. Denn: „Ohne das Wiedererwachen wenigstens eines Minimums an menschlicher Weisheit wird es keine kräftige Aktion für die Rettung unseres Planeten geben."

Denn es „gibt eine Sache, die... für die Menschheit immer am gefährlichsten war und auch heute noch ist: die großen Errungenschaften, die alle Menschen betreffen (aus „Wissenschaft und Technik"), denn die brachten zwar phantastischen Wirkungen und viel Positives hervor, aber zugleich waren sie fähig unsere Wachsamkeit zu betäuben." Es geht um „die Rückseite eines jeden Erfolges, seine Nebenwirkungen, entfernte Konsequenzen", dadurch haben wir den Sinn für die Rückseiten und Nebenwirkungen fast ganz verloren oder unterschätzt."

Somit müssen wir vor allem „die Mängel, Lücken, Einseitigkeiten, los werden und jene Rückseite suchen sowie auf deren Bedrohung aufmerksam machen. „Für so etwas bieten die weisen Bücher die Chance, endlich aufzuwachen aus dem Schlaf der Selbstbezogenheit. Die bisherigen traditionellen Träger des Geistes, Philosophen, Schriftsteller, Dichter, Dramatiker, Seelsorger, Theologen, Psychiater und Psychologen haben (jedoch) insgesamt so gut wie keine Macht (mehr) über die technischen, chemischen und waffenproduzierenden Mächte, die jetzt schon sehr schnell die Bewohnbarkeit unseres Planeten vernichten."[108]

Diese Einsicht ist eindringlich 30 Jahre nach Macovec nicht nur noch ebenso richtig, sondern gar noch beängstigend unwiderlegbarer geworden. Bemerken wir doch heute eine unbeschreibliche Ignoranz bei Politikern, Staatenlenkern, Beamten, Militärs, Industriellen, Kapitaleignern, Technikern, ja sogar einigen Wissenschaftlern in Bezug auf die Gefahren der Klimaveränderung, des Artensterbens, der Kriegsgefahren (so die atomare Auslöschung es Lebens in neuen Weltkriegen), der Bevölkerungsexplosion, kommender Hungersnöte und einer Trinkwasserverknappung, der Migration von Kriegsflüchtlingen und Flüchtenden vor nicht mehr gegebenen Lebensbedingungen. Diese Ignoranten bestreiten und leugnen all diese Gefahren und preisen ein unbedingtes „Weiter so" auf diesem Weg in den Abgrund des Lebens auf diesem Planeten an. Die Erkenntnisse und Warnungen von der überwiegenden Zahl von Wissenschaftlern - wie zuletzt von der Gruppierung g #scientistsforfuture mit mehr als 27.000 Mitbefürwortern – werden als fake News, Verdummung und Märchen verunglimpft. Da fliegen Machthabern die Tornados nur so um die Ohren, die Kriegsgefahr steigt unaufhörlich an. Und die Friedensforscher und Friedensaktivisten - wie das Netzwerk Friedenskooperative, Forum Friedensethik, das Friedens Forum, forum ZFD, Ohne-Rüstungleben", u.v.a. - werden nicht ernst genommen, wiewohl sie die einzigen sind, die die Würde und die Unversehrtheit des Lebens, seine Einmaligkeit und Schönheit verteidigen. Aber es bleibt bei

---

108 Man muss sich mal vorstellen, dass dies Machovec schon 1988 sagte!

dem Mythos vom fortwährenden Fortschritt, bei unendlichem Wachstum und der Mär von der Notwendigkeit die Sicherheit könne nur mit militärischer Gewalt, also das Leben nur mit Sterben, auf diesem endlichen Planeten gelöst werden.

Doch alle diese Verweigerer einer neuen lebensbejahenden und lebensbewahrenden Kulturidee, die nicht die Ganzheit und Verflechtung des Lebens sehen und einsehen wollen, reagieren aus der Genausstattung unseres Gehirns, das noch dem Raubtierstadium verhaftet ist. In diesem Stadium unserer Stammesentwicklung hat noch nicht die Entfaltung zur Nest- und Brutpflege sowie der Nachkommenbetreuung stattgefunden. Diese Entwicklung, die eine Vorstufe zum Altruismus sein mag, führte ja dann über die Fürsorge der engsten Familie, den Clan und dann dem Volksstamm zur kulturellen Entwicklung von Rechtssicherheit, Gerechtigkeit, Würde des Menschen, Alten- und Waisenfürsorge, Sozialfürsorge, Altersheimen, Arbeitslosenfürsorge, medizinischer und Krankenhausversorgung, Lebenshilfe für Behinderte, Renten- und Pflegeversicherung und schließlich Gerichtsbarkeit anstatt von Gewaltrecht. Den Verweigerern solcher friedensförderlichen Kulturentwicklungen muss der Vorwurf gemacht werden, sich nicht ausreichend mit diesen Errungenschaften und den Möglichkeiten solchen Denkens genähert zu haben. Ein vorsintflutliches Denken!

5.5.3. Der Verlust der Weisheit aus dem Mythos, dem Märchen, den Sprichwörtern und der Urweisheit auch der Religionen

„Die Urweisheit begann vor Jahrtausenden zu existieren, lange vor den ersten Schritten der Wissenschaften....nur Überreste bis heute überlebten: so Sprichwörter und Aphorismen, Heldensagen und Märchen, auch lyrische Lieder und epische Gesänge." „Im Mythos war ganz einzigartig die Fähigkeit ausgeprägt, durch Sagen gewisse allgemeine Kenntnisse und Erfahrungen allen Mitgliedern des menschlichen Kollektivs mitzuteilen." Der Mensch hält sich hier noch „für den Bruder aller Lebewesen, nicht für einen Herrn über die Natur." Bei den ersten Philosophen, „bei der ganzen griechischen Intelligenz", brach aber bereits „der Glaube an die Wahrhaftigkeit der Mythen zusammen." „Für die ganze Welt Homers empfand man nur kühle und überhebliche Verachtung." Man hatte bei der „großen Begeisterung für das Rationale die positiven Momente des mythischen Denkens gar nicht begriffen und so gewisse Werte für die künftige Menschheit vernichtet/verdrängt. Die Abwendung von einer gewissen Naivität der mythischen Sagen war(zwar) nötig. Aber heute beginnt die Menschheit zu begreifen, dass man damals die Menschen schicksalhaft und radikal von etwas entfernte, was so gar nicht naiv war." Denn „die Aufgabe aller mythischen Erzählungen bestand nicht in der Vermittlung historischer Tatsachen, sondern in einer Anleitung zur Weisheit und zum aktiven Leben auf der Grundlage dieser Weisheit." „Die mythische Sage bildet den Menschen emotional und moralisch auf unauffällige Weise." Der Mensch „reflektiert sich als ein beteiligtes Subjekt". Er war „fähig, den Gefahren im Kollektiv zu trotzen, Widerstand zu leisten."

Zu dieser Zeit hatte man in China Begriffe wie Bedacht, Besonnenheit, Maßhaltung, Proportionalität und Ausgeglichenheit gefunden und wollte zeigen, dass darin der einzige positive Weg (Tao) besteht, „dass sich die Fortschritte und Erfolge des Menschen im Einklang mit dem Fortbestehen der Welt befinden könnten/sollten."

Damit können wir heute erkennen, dass „ein unkritischer Kult der Wissenschaften oder der Rationalität, ein blinder Glaube an die allheilende macht der Rationalität ein große Naivität, ja Dummheit darstellt, eine Unfähigkeit, die komplizierten Schichten der menschlichen Natur zu respektieren. Und aus dieser Naivität der Vernunftbekenner entstand im 20. Jahrhndert, die Gefahr der Selbstvernichtung" gewissermaßen durch „einen Mangel an heimischen Gefühlen unserem Planeten und der Gattung Mensch gegenüber." „Wenn man etwas nicht liebt, kann man sich auch keine wirklichen Sorgen um dessen Zukunft machen."

„Die Rationalität brachte den Menschen bis zum Eintritt in den Kosmos, aber zugleich kann sie das Überleben weder garantieren noch überzeugend begründen."

Die heutige Wertschätzung der Hoffnung, mittels korrigierenden technologischen neuen Errungenschaften die Problem und Gefahren unserer Zivilisation zu meistern, hat ebenfalls ihren Ursprung in der Antike: „Nicht zufällig waren die ersten Philosophen zugleich Ingenieure, Architekten, Globetrotter, Astronomen, Forscher, Mathematiker; sie philosophierten nur im Rahmen eines sehr praktischen Lebensstils."

Der Natur wurde nicht mehr ein selbstständiger Wert zugestanden, sondern nur noch die wertlose, rohe, passive, materielle Quelle als Ausgangsmaterial für die Techno. Wert entsteht demzufolge erst durch die Bearbeitung des Naturstoffes, mittels der Gestaltung durch den rational denkenden Menschen.

Nun war die Natur aber dann auch nicht mehr Heimat und sie bedurfte keines Fortbestehens und keiner Bewahrung ihres ursprünglichen Zustandes mehr. Und „je größer die Erfolge im Erforschen der äußeren Welt waren, umso weniger fand der Mensch diese Welt heimisch, umso weniger liebte er sie. Wenn man aber etwas nicht liebt, kann man sich auch keine wirklichen Sorgen um dessen Zukunft machen. "Aus dem menschlichen Bewusstsein verschwand die farbige und emotional wirksame Vorstellung von einer möglichen drastischen und totalen Katastrophe der Menschheit und der ganzen Welt." „Die primitivste mythische Erzählung war in dieser Hinsicht reicher." Der Mensch dort „hielt sich - wie schon gesagt - für den Bruder aller Lebewesen, nicht für einen Herrn über die Natur."

Machovec weist dann noch darauf hin, dass diese ausgewachsene techné natürlich eine „ausschließliche Männerangelegenheit" wurde. Und „wahrscheinlich hätte es mit den Frauen keine solch lebensgefährlichen Krisen gegeben, die wir heute erleben". „Denn die Frau war schon viele Jahrtausende >humanisiert<, als im Mann noch das Raubtier steckte. „Der Männerkult des Erfolges und der Leistung ist in gewisser Hinsicht noch die Fortsetzung der Raubtiermentalität."

5.5.4. „Die alten Griechen als unsere Lehrer"

Machovec fragt nun, warum dieses so phantastisch begabte Volk so schnell starb (er meint vermutlich in seiner kulturellen Bedeutung)? Und „übernehmen wir, alles Griechische bewundernd und nachahmend, vielleicht nicht auch die geheimnisvolle Ursache eines schnellen Endes, einer schnellen Katstrophe?" Mahovec stellt heraus, dass es Platon vor allem in der Weisheitssuche um „die ausschließliche Angelegenheit einer kleinen geistigen Elite geht, die sich von den durchschnittlichen Menschen

... abhebt." „Aber das Bedenkliche und Gefährliche an dieser platonisierenden Tendenz ist der Umstand, dass der eingeweihte Weise sich mit einer Situation zufrieden gibt, die objektiv gar nicht weise ist." Aber als eine Elite des Geistes müsste sie doch auch alle Macht übernehmen." So wirkt durch Platon „in unserer Zivilisation die Eilten-Tendenz umso gefährlicher." Denn „man muss nicht nur mit den kalt kalkulierenden Überlegungen[109] rechnen, sondern (auch) mit Kräften, die den erotischen ähnlich sind und die mit ihnen im organischen Zusammenhang stehen." „Die bedenkliche Neigung zu einer (somit) gefährlichen Eliten-Selbstreflexion beginnt, ...wenn er an dieser Rolle einen selbstverliebtunkritischen Gefallen findet." Denn „zur Echtheit des moralischen Charakters gehört immer die Vertiefung des Sinnes auch für die eigene Verantwortung den anderen Menschen gegenüber, besonders den schwächeren, den weniger entwickelten." Diese Selbstverliebtheit der elitären Weisen aber degradieren jene Menschen, die sich „mit dem eigenen Geist, nicht (so) tief befassen, sondern mit der äußeren Natur"... „selbst zu dieser wertlosen Natur, zum sinnlosen Material. Draus leiten die Platoniker die Vorstellung ab, „den (ihnen eigenen) Geist bzw. die Seele für eine eigene Substanz zu halten. „Der Mensch wurde in den wertlosen Leib und in den wertgebenden Geist[110] geteilt" Das feierte in der europäischen Neuzeit geradezu Orgien, man „ignorierte, dass die reale Geschichte unseres Planeten in den Händen der thalesischen Ingenieure geblieben ist: ein Teil der Intellektuellen plündert die Natur, ein anderer Teil hält sich selbst für so erhaben und geistig, dass er im Namen der geistigen Werte mit solchen Angelegenheiten keinen Augenblick verliert. An anderer Stelle[111] mache ich daher den christlichen Kirchen den Vorwurf, dass sie sich oft geradeso erhaben geistig verhalten und mit einer Einmischung in die Gefärdungssituation kaum einen Augenblick vergeuden. Damit wird die urweisheitliche Botschaft des Jesus von Nazareth in den meisten Fällen und Situationen verlassen und eingetauscht gegen Verhaltensweisen, die mit geistigen Lehrsätzen und Dogmen von den Menschen abverlangt werden. Milan Machovec sagte mir einmal: „Wenn ich Kirchenleute frage: Was können wir denn tun, um den ökologischen

---

109 Die sich heute fast ausschließlich um die Steigerung des Profites drehen
110 An dem die Eliten Anteil haben
111 Gerhard Loettel, „Jetzt müssen wir laut aufschreien"; bei docupoint-md.de

Kollaps abzuwenden? So sagen sie mir: Ach lieber Bruder, der Heilige Geist wird das schon regeln!" Ich (M.M.) sage dann, Nein, nein: „Hilf dir selbst, dann hilft Dir Gott!"

So wird in der Gegenwart immer wieder – gerade auch in der Flüchtlingsfrage - hervorgehoben, dass Europa ja ein christlich geprägter Kontinent sei. Und diese Verlautbarung soll darauf hinweisen, dass wir uns nicht durch muslimisch geprägte Flüchtlinge überfremden lassen sollten. Aber gerade wenn wir ein christlich geprägter Kontinent oder ein solches Land sind, so hätte das ganz konkrete Konsequenzen in unserem handeln. Der katholische Hochschulpfarrer Burkhard Hose aus Würzburg sagt dazu[112]:

„Ob wir wirklich ein christlich geprägtes Land sind, würde sich daran zeigen, dass die Solidarität mit den Schwachen als leitendes Prinzip im gesellschaftlichen Zusammenleben erkennbar ist und nicht an den Grenzen eines Nationalstaates aufhört."

Und so kommt Machovec zu dem Schluss, dass immerhin Platon und Sokrates „das größte Geheimnis angerührt" haben, nämlich: „Wie ist es überhaupt möglich, dass es im Kosmos eine Gattung gibt, die die eigene Existenz nicht als natürliche Gegebenheit hinnimmt, sondern auf beunruhigende Weise als ein Problem aufzufassen fähig ist. Gerade angesichts (aber) dieser Erkenntnis eines „Friedens" der „höher ist als alle Vernunft", ist es angeraten, alle ihre „Konsequenzen viel tiefer, nuancierter und ängstlicher zu studieren , als es bis heute geschehen ist, vor allem, den möglichen Missbrauch, die großen Schatten." „Das Überleben der Menschheit ist heute unter anderem auch davon abhängig, ob die Begabten eine moralisch höhere als bloß elitäre Wertschätzung ihrer Zufriedenheit erreichen." „Für eine echte Weisheit ist noch etwas anderes als die Höhe der Vernunft notwendig."

5.5.5. Mensch und Kosmos

Im Gefolge der Denkweise und der Untersuchungen des Aristoteles können wir heute sagen[113]: „Kosmos und der Mensch sind immer mehr als

---

112 In seinem Buch: „Seid laut!,- für ein politisch engagiertes Christentum"; Vier-Türm Verlag, S. 53
113 Meint Machovec

die bloße Summe der einzelnen naturwissenschaftlichen und anthropologischen Disziplinen." Aristoteles macht uns klar, dass wir uns immer fragen müssen nach dem Sin des Kosmos überhaupt und nach seiner möglichen Rolle in der Geschichte unseres Planeten. In Bezug auf den Menschen und der Rolle der Wissenschaft in der Geschichte ist festzustellen, dass die Wissenschaft stets nur Informationen erbringt, die „die Eigenschaften der ganzen Gattung betreffen, nicht das besondere eines Gegenstandes." Gerade eben auch solche individuellen Phänomene wie „Liebe, Schmerz, Lachen, Träume, Kunst, Gewissen, Hoffnung. ... Die Wissenschaft versagt in diesem Bereich (der Animalität) ganz – nur die Weisheitssuche kann das Unechte vom Echten trennen. So meint Machovec, dass „alle sozialen Phänomene lediglich rationalistisch studiert" (wurden), „es wurde in ihnen nur das Rationalisierbare gesucht, das Animale jedoch vernachlässigt." Diese Methode der Rationalisierung erwies ich somit Jahrtausende lang als ohnmächtig, „als unfähig, die menschlichen Angelegenheiten menschlicher zu machen,..." Daher muss irgendwo selbst in (dieser) Methode ... ein grundsätzlicher Fehler" stecken, der das ganze großartige Wissen einflusslos macht." Denn selbst die Moral, die zu „einem Gegenstand der wissenschaftlichen Forschung wurde, verlor die Fähigkeit, die Menschen moralisch zu beeinflussen und zu erziehen, die sie im Rahmen des Mythos noch hatte."

„Die Wissenschaft hat zwar die Mittel zur Hand, durch welche die Existenz des Menschen auf diesem Planten noch zu retten ist, aber sie selbst kennt keine Gründe , warum die Menschheit überleben sollte und warum wir uns dafür mit unserer ganzen Seele und mit großen Opfern engagieren sollten."

Ich schließe hier erst einmal den Durchgang (bis zur Seite 117) durch das Werk von Machovec ab. Er geht in den folgenden Seiten noch auf die weitere Philosophiegeschichte bis hin zu Karl Marx[114] ein. Und er analysiert auch dort den Gewinn und den Verlust der jeweiligen philosophischen Anschauungen. Doch wie Machovec selbst auch sagt, dass er keine Lehre, keine Anweisungen und keine billigen Konfliktlösungen anbieten will, sollen hier auch nur Zweifel und die eignen Ratlosigkeiten so wertgeschätzt werden, dass sie zum „Ausgangspunkt eines neuen Denkens"

---

114 „Damit reflektiert Machovec kritisch (auch) seine eigene marxistische Tradition."

werden könn(t)en. Zweifel wohlgemerkt nicht als Resignation, sondern als Antrieb zu neuen Hoffnungen und Zuversichten in die Zukunft. Den Übergang von der Betrachtung des Zweifelhaften zu Hoffnungszeichen möchte ich mit einem Liedvers ausdrücken, das dem Lied „Kreuz auf Jesu Schulter" im Evangelischen Gesangbuch entlehnt ist:

„Denn die Erde jagt uns auf den Abgrund zu
Doch der Himmel fragt uns warum zweifelst Du?
Kyrie eleison
Sieh´ wohin wir geh´n
Ruf uns aus den Toten
lass uns aufersteh´n"

Ja warum zweifeln wir eigentlich daran, dass wir mit Heiligem Geist beseelt den Abgang von uns Menschen von diesem Planeten verhindern können? Sind wir nicht der weise, weise Mensch (homo sapiens sapiens)? Ruf 'uns aus den Toten!!!

5.6. Es war Hoffnung![115]

- Ein Beitrag eines Bildhauers aus St. Ulrich im Grödnertal /Südtirol und des Kunstkritikers und Kunsthistorikers Andrea Baffoni aus Perugia -

115 Entnomman aus"Art in the centre 2019", der IDEA UNIKA in Urtijëi/Ortisei/St. Ulrich – Val Gardena/Gröden/Dolomites.

Weit weg vom Grödner Tal, im Mittelmeer, spielt sich das Drama der Migranten ab. Die räumliche Distanz hindert uns jedoch nicht daran, zwei so weit voneinander entfernte Gegenden gedanklich zusammenzuführen. Das ist es, was uns das Werk von Walter Pancheri sagt, dessen Titel, „Es war Hoffnung", ein epochales Problem direkt anspricht und damit jeden von uns zur Reflexion auffordert. Dieser Intuition des Grödner Künstlers mangelt es jedoch nicht an Konkretheit, da sie Bestandteil der ewigen Dialektik zwischen Gut und Böse ist. Das Boot von Pancheri ist das Relikt seiner selbst, gesunken auf der Hauptstraße von St. Ulrich, so als ob es sich dabei um den Meeresgrund handelte. Eine faszinierende Vorstellung, denn wenn man den Blick hebt, sieht man die Berggipfel und könnte somit fast den Eindruck haben, sich am Grund eines Meerestals zu befinden.

Hier liegt nun das Boot mit dem Rumpf nach oben, ein verrostetes Skelett, dessen Zustand sich vom Hoffnungs-Träger zum Gefängnis einer ewigen Verzweiflung gewandelt hat. Die Botschaft des Künstlers ist klar und einfach, ohne unterstützende Metaphern; sie erinnert ein wenig an das Floß der Medusa, das Géricault im Jahre 1816 als Emblem des nationalen Versagens malte. So will das Werk heute an das menschliche Versagen erinnern, nicht das einer bestimmen Nation, sondern der Menschheit im Allgemeinen, die nicht in der Lage ist, ein Problem konkret zu lösen, sondern sich im Gegenteil damit abmüht, unmögliche Lösungen zu suchen, während die Menschen ständig weiter sterben. Dieses Versagen ist das der Regierungen auf den beiden Uferseiten eines Meeres, das seine Farbe von meeresblau in ein undefinierbares Grau gewandelt hat.

Das Boot versperrt den zentralen Durchgang auf der Hauptstraße von St. Ulrich und zwingt die Passanten somit, um es herumzugehen, ohne es ignorieren zu können. Das Gefängnis ist daher etwas weiter Gefasstes, in diesem Fall Metaphorisches, das heißt, an die Idee eines Verweises gebunden, das es zu einem versunkenen Kerker macht, in dem jeder riskiert ein Gefangener zu bleiben, nämlich auf dem (Meeres-)Grund des eigenen Gewissens.

Dazu ist anzumerken: Die Kommune St. Ulrich in Gröden/Südtirol ist bekannt dafür, dass Holzbildhauer, Maler, sowie andere gestaltende Künstler seit Jahren auf der Kunstmesse UNIKA in St. Ulrich ihre Kunstwerke austellen. Und das sind nicht zuletzt auch oft zeitgenössische Skulpuren und Malereien. Neben dieser Kunstmesse meist Ende August/ Anfang Septmber gestalten einige von Ihnen im Zentrum von St. Ulrich diese öffentliche Präsentation von zeitgenössischer Skulptut und Malerei – „Art in the Centre". Davon ist der hier gezeigte Beitrag ein Beispiel. Dem geneigten Leser ist es nur anzuempfehlen, diese UNIKA und die Art in the Centre einmal anzuschauen. Die Darbietungen in beiden Aktivitäten sind so ausgezeichnet in ihrem großen künstlerischen Können als auch in der Sinnfülle und Wertigkeit in Bezug auf philosophische, ethische, soziale und notwendige Werthaftigkeit, dass man erstaunt ist und seinesgleichen in der Welt der Kunst suchen muss.

Zu der Beschreibung des Ausstellungsstückes möchte ich noch meienn Eindruck beim Sehen dieser Skulptur beifügen. „Auffällig ist beim ersten Anblick, dass das Artefakt nicht so sehr anfänglich auf einen gesunkenen Schiffskadaver schließen lässt, sondern eher an das Sklett eines verendeten Wales, in dessen Walbauch sich der Plastikmüll unserer euro-amerikanischen Zivilisation wiederfindet.

Wir vergiften also nicht nur unsere Lebens-Umwelt und unser Potential aus dem wir Nahrung beziehen, einfühlsam macht uns Herr Baffoni dazu noch darauf aufmerksam, dass wir unsere Menschlichkeit gegenüber unsrer eigenen Spezies verloren haben und sie lieber im Mittelmeer ersaufen lassen, als dass wie sie an Land lassen. Ungeachtet dessen, dass wir als Touristen gern an den Stränden dieses Mittelmeeres baden, in dem die Leichen der Ertrunkenen liegen.

VI. Hoffnungszeichen

Zunächst möchte ich erst einmal eine erstaunlich hoffnungsfroh machende Tatsachenliste aufzeigen.

Nach dem Zweiten Weltkrieg sollte Krieg nicht mehr als Mittel der Politik legitimiert sein: Die Charta der Vereinten Nationen legte fest, dass zukünftig sämtliche Konflikte innerhalb Europas mit rein zivilen und polizeilichen Mitteln zu bearbeiten sind. Streitkräften dürfen nur noch zur Verteidigung zugelassen werden.

Bis zum Ende des 2. Weltkrieges war dazu für den Krieg immer ein Kriegsminister zuständig. Dementsprechend wurde die Bezeichnung dann in den meisten Ländern sukzessive in Verteidigungsministerium geändert. In der BR Deutschland gab es ab 1950 einen Beauftragten des Bundeskanzlers für die mit der Vermehrung der alliierten Truppen zusammenhängenden Fragen. Und ab 1955-1961 das Bundesministerium für Verteidigung; sowie von 1964-1966 den Bundesminister für Angelegenheiten des Bundesverteidigungsrates.

Damit ist schon im Namen des zuständigen Ministers das Schwergewicht des Militärischen vom Krieg im Allgemeinen auf den ausschließlichen Fall der Verteidigung eines kriegerischen Angriffs gelegt worden. Ein erster Schritt in die Richtung zur Überwindung des Kriegs. Nun fand kürzlich in der wiedervereinigten Bundesrepublik Deutschland ein Wechsel statt, nämlich bei der Besetzung dieses Ministeriums von bisher ausschließlich Männern zu einer Frau in diesem Amt. Damit wurde zumindest bei den friedensbewegten Menschen in Deutschland die Hoffnung geweckt, das sich das Kriegsgebaren des Staates stärker mit weiblicher Intuition, Emotion und der Bereitschaft nach emotionaler Ausrichtung und Anhörung der Wege zur zivilen Konfliktbereinigung anreichern würde. Das hat sich zunächst auch darin gezeigt, dass Frau von der Leyen (früher Familienministerin) stärker bereit war, die familiären Belange der Soldaten*Innen zu berücksichtigen.

6.1. Eingreiftruppe und wirtschaftliches Interesse

Doch mit dem Ende des Kalten Kriegs trat der Verteidigungsaspekt wieder zunehmend in den Hintergrund, und so ging die Entwicklung in Richtung einer Eingreiftruppe auch mit Einsätzen im Ausland (wie sie etwa als UN-Missionen schon ab 1945 betrieben werden). Die damit verbundene Ausrichtung der Armee – weg vom reinen Einsatz zu Verteidigungszwecken und hin zu einem Mittel der Politik, nämlich auch die wirtschaftlichen Belange der Nation[116] beachten zu wollen und zwar gegebenenfalls auch mit militärischen Mitteln zu erlangen. D.h. also es geht hin zur Ausformung der Armee mit vorwiegend einer Ausgestaltung von Eingreiftruppen, die sich für die militärische Gewaltanwendung gerechtfertigt wissen. Das war ein ethischer Rückschlag nach dem 2. Weltkrieg.

Denn wer kann es hinnehmen, dass wir für unser Wohlergehen (und das heißt nichts anderes als genau wegen unserer wirtschaftlichen Interessen) und/oder noch verruchter für die Profite/die Renditen unserer Aktionäre unsere Jugend in den Krieg schicken und sie dort schlachten lassen (sich selbst und ihre Artgenossen bei den Feinden) auf diesem Schlachtfeld der „Ehre"? Der Autor, der die Nachkriegszeit und sogar die Mangelwirtschaft der DDR miterlebt und durchlebt hat, möchte nicht das Sterben unser Jugend, seiner Enkel, gutheißen, um den nun höheren Wohlstand in der vereinten Bundesrepublik zu genießen. Das wäre eine höchst unverantwortliche kriminelle und inhumane verbrecherische Haltung.

Es wurde einmal gesagt „Soldaten sind Mörder!" Nein, nein, nein. Soldaten sind von sich aus und von ihrem Charakter eher durchaus keine Mörder, sondern eher geneigt das Töten als etwas aufzufassen, „was man einfach nicht tut!". Aber unsere Jugendlichen werden zum Morden erzogen, entschuldet und befehligt. Ihnen wird mit Begriffen wie Ehre, Vaterland, Freiheit, Demokratie, Rechtsstaatlichkeit eingeredet und sie werden damit entschuldet, etwas zu vollbringen, was ihnen im zivilen Leben lebenslängliche Gefängnisstrafe, in anderen Ländern gar die Todesstrafe eingebringen würde. So also verbiegen wir unsere Jugend zu

---

116 So Altbundespräsident Köhler: „Wir verteidigen am Hindukusch auch unsere wirtschaftlichen Interessen"

Gehorsamsvollstreckern von Taten, die im zivilen Leben absolut verpönt und als verbrecherisch gelten. Mörder sind also nicht die jungen Soldaten, sondern die Befehlsgeber und Verführer unserer Jugend, die sie zu diesem unmenschlichen und verbrecherischen Tun, Krieg zu führen, abrichten und befehligen. Wie ernst es den Autoren des Positivszenarios „Sicherheit neu denken[117] ist, geht aus der Vision hervor, in der man hofft, durch den Internationalen Gerichtshof (ab 2029)" sowohl „führende Köpfe des IS" zu verurteilen, als auch den „ehemaligen Präsidenten G.W. Bush, sowie den britischen Premier Tony Blair". Damit wird aufgezeigt, dass die Verteidiger kriegerischer Handlungen nicht bereit seien einzusehen, dass der Krieg selbst, in dem man (zivilrechtlich gesehen) von Soldaten verbrecherische Taten abverlangt, ein Verbrechen ist und man nicht bereit ist, andere Konfliktlösungen zu bedenken und anzuwenden, nämlich solche die nicht verbrecherisch sind. Denn oft geht es ja nicht einmal um Konfliktfälle zwischen Nationen oder Volksgruppen, sondern um diese sogenannten wirtschaftlichen Interessen, was aber unverblümt heißt, für unsere Profite anderen Völkern ihre Ressourcen und ihre Arbeitskräfte mit Krieg zu stehlen, bzw. ihnen einen Absatzmarkt aufzubürden.

Doch blieb wohl auch im Verteidigungsministerium der Impetus der gewaltlosen Konfliktbereinigung immer ein Hintergrunddenken, das oft nur nicht in den Vordergrund drängte oder drängen durfte.

6.2. Neues Szenario

Und nun ist es einem emeritierten evang. Pfarrer wohl zugestandenermaßen erlaubt, hoffnungsfroh anzumerken, dass es wohl doch aufgrund einer göttlichen Fügung[118] dazu kam, dass eine deutsche Verteidigungsministerin u.a. einen Baustein dazu lieferte, dass eine Kirche in Deutschland ein Szenario erdachte und beschrieb, das den Krieg als ein scheuß-

---

117 „Sicherheit neu denken- Von der militärischen zur Sicherheitspolitik- Ein Szenario bis zum Jahr 2040" von der badischen Landeskirche, Arbeitsstelle Frieden, Stefan Maaß >Stefan.Maas@ekiba.de<
118 So wie General George Lee Butler einmal sagte: „Wir sind im kalten Krieg dem atomaren Holocaust nur durch eine Mischung von Sachverstand, Glück und göttliche Fügung entgangen, und ich befürchte, das Letztere hatte den größten Anteil daran."

liches Verbrechen schon in der Vergangenheit ins Aus verbannen soll. Worum geht es in diesem gottgewollten Umdenkprozess, angestoßen von der Verteidigungsministerin? In der ARD-Sendung „Anne Will" vom 22.01.2017 „definierte Frau von der Leyen 2017[119] den Ausbau der Diplomatie und die Schaffung wirtschaftlicher Entwicklungsperspektiven für die EU-Anrainerstaaten als wesentlichen Pfeiler einer eigenständigen europäischen Sicherheitspolitik." (Szenario S. 5). Man beachte, eine Verteidigungsministerin spricht angesichts europäischer Sicherheitspolitik nicht von der Verstärkung der militärischen Verteidigungsausgaben, sondern vom Ausbau wirtschaftlicher Perspektiven – und nicht einmal hinsichtlich der eigenen nationalen Interessen - sondern aus der Perspektive, die die EU-Anrainer genießen bzw. erwarten sollen. Also Herstellung und Erwartung von Gerechtigkeit in der Lebenshaltung und dem Lebensrecht der Völker, statt nationaler oder EU-egoistischem Wohlstandsgebaren, das mit militärischem Gewicht durch zusetzen wäre.

Wie auch immer sich die Verteidigungsministerin in Sachen Militärpräsens später verhalten haben mag; dieser ihr Ausspruch von 2017 wurde der zündende Anlass ein neues Friedensszenario zu kreieren.

Demgegenüber wird von militärischen Hartlinern immer wieder betont: „Terroristen wie der IS müssen militärisch bekämpft werden." Dazu erklärt das Szenario: „Es hat sich seit 2001 gezeigt, dass der sog. Krieg gegen den Terror mehr Terror produzierte und dieser Art Kampf militärisch nicht zu gewinnen ist. Die einzigen Gewinner sind die Rüstungsproduktionsfirmen." Außerdem sagt man in Militärkreisen immerzu: „Gegen einen Genozid ist nur militärisch etwas auszurichten". Doch auch dazu ist zu sagen: „Der Krieg der Alliierten gegen Hitlerdeutschland ... hat tatsächlich den Völkermord an den Juden nicht aufgehalten. Im Schatten des Krieges wurden 6 Millionen Juden umgebracht."9 Militärisches Eingreifen gegen jeglichen Genozid kommt immer zu spät.

Es war/ist also ein Paukenschlag neuen Denkens und Anregens zu neuem Handeln, dass die Initiatoren der Arbeitsgruppe zur Erarbeitung eines Friedensszenarios den Ausspruch von einer Verteidigungsministerin (s.o.) aufgriffen, um diese Friedensvision zu erweitern und zu prolongieren,

---

119 Also noch bevor sie EU-Kommissionspräsidentin wurde

nämlich zu eben diesem Positivszenario, das es erlauben würde, den Krieg aus dem Denken und Handeln der Völker zu verbannen,... wenn man darauf politisch einginge. Diese enorm neue Vision nennt sich „Sicherheit neu denken – Von der militärischen zur zivilen Sicherheits- politik- Ein Szenario bis zum Jahr 2040"[117]. Es ist bei der Arbeitsstelle Frieden bei der Badischen Evangelischen Kirche (Stefan Maass@ekiba. de) und unter der IBAN 978-3-8079-9992-0 für nur 9,95€ zu erwerben.

VII. Die Friedensfindung nach dem Positivszenario

Es geht eine Handlungsanweisung zur Friedensfindung von diesem Positivszenario „von der militärischen zur zivilen Sicherheitspolitik – ein Szenario bis zum Jahr 2040" aus. Gestartet wurde das Projekt schon durch einen Beschluss der badischen Landessynode vom 24. Oktober 2013:

„Gleich dem nationalen Ausstiegsgesetz aus der nuklearen Energiegewinnung, gilt es – möglicherweise in Abstimmung mit anderen EU-Mitgliedsstaaten – ein Szenario zum mittelfristigen Ausstieg aus der militärischen Friedenssicherung zu entwerfen. Mitglieder und Mitarbeitende des EOK sowie Synodale werden gebeten, dieses Anliegen bei Begegnungen mit den in der Gemeinschaft Evangelischer Kirchen in Europa (GEKE) zusammengeschlossenen Kirchen einzubringen." Hierbei handelt es sich um:

1. Fünf Säulen der Zivilen Sicherheitspolitik:

I.	Gerechte Außenbeziehungen
II.	Nachhaltige Entwicklung der EU-Anreinerstaaten
III.	Teilhabe an der internationalen Sicherheitsarchitektur
IV.	Resiliente Demokratie
V.	Konversion der Bundeswehr und der Rüstungsindustrie

Der Weg bis zum Szenario „Sicherheit neu Denken"

Im Herbst 2015 wurde zur Erarbeitung eines Ausstiegsszenarios eine Arbeitsgemeinschaft eingesetzt. Die Arbeitsgruppe hatte den Auftrag bis zum Herbst 2018 einen Entwurf eines Ausstiegsszenarios der Landessynode vorzulegen, der an die Gemeinschaft Evangelischer Kirchen in Europa (GEKE) zur Diskussion weitergegeben werden kann.

Das Szenario[120] enthält drei Szenarien, die die Entwicklung von 2018 bis 2040 umreißen:

Trendszenario: Die Entwicklung der Militarisierung der Gesellschaft und der Welt in der Gegenwart wird umrissen und weitergedacht bis zum Jahr 2040.

Negativszenario: ist eng verknüpft mit dem Trendszenario, allerdings werden negative Wirkungen von Entscheidungen im wirtschaftlichen, ökologischen, militärischen Bereich ignoriert.

Positivszenario: zeigt Wege auf, welchen Beitrag Deutschland zu einem Übergang von einer militärischen zu einer zivilen Sicherheitspolitik bis zum Jahr 2040 leisten kann.

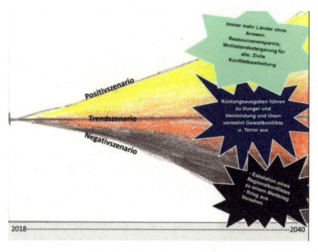

Aus dem Inhaltsverzeichnis (s.u.) kann man schon die Bedeutung und die Aufgaben zur Gewinnung von Weltfrieden herauslesen:

---

120 Herausgegeben von Stefan Maaß & Christoph Schneider-Harpprecht [Hg.] im Auftrag des Evangelischen Oberkirchenrats Erscheinungsjahr: 2018 Titel: Sicherheit neu denken - Von der militärischen zur zivilen Sicherheitspolitik Gestaltung: Zentrum für Kommunikation, Ulrike Fuhry, www.ekiba.de Evangelische Landeskirche in Baden, Postfach 2269, 76010 Karlsruhe

INHALTSVERZEICHNIS

Dabei findet hierin diesem Szenario der friedenslogische Ansatz von Hanne-Margret Birckenbach[121] Anwendung, der ein Problem vom Rahmen der Aufgabe her betrachtet, „Frieden zu schaffen und das heißt Beziehungen zu ermöglichen, in der Gewalt unwahrscheinlich wird, weil Kooperation gelingt." Wie diese Idee, die Probleme und die Bedrohungen anders, nämlich nicht militärisch, konkret angegangen werden können, das soll – ähnlich wie bei der Transformation von der Atomkraft zu

---

121 „Friedenslogik statt Sicherheitslogik"; Gegenentwürfe aus der Zivilgesellschaft von Hanne-Margret Birckenbach in Wissenschaft & Frieden 2012-2: Hohe See, Seite 42–47

anderen Energiegewinnungsformen – im Folgenden entwickelt werden. Wenn hier von einem Veränderungsprozess, von der militärischen zur zivilen Sicherheitspolitik durch deutsche Nachhaltigkeitspolitik, bis zum Jahr 2040 die Rede ist, dann geht es auch um die Konversion der bewaffneten Institution Bundeswehr, die auf gewaltsame Formen der Konfliktaustragung ausgelegt ist. Die Autor*Innen dieses Textes wollen mit Hilfe eines Szenarios zeigen, wie sich die deutsche Sicherheitspolitik von einer militärischen zu einer zivilen Sicherheitspolitik entwickeln kann.

„Da Politik immer auch ein Zusammenspiel gesellschaftlicher Kräfte ist, braucht es für die Realisierung dieses Szenarios ähnlich wie bei dem Ausstieg aus der Atomenergie und der Energiewende eine breite zivilgesellschaftliche Bewegung. Ähnlich der erfolgreichen Erlassjahr-Kampagne „Entwicklung braucht Entschuldung" in den Jahren 1996–2000 können hier die Kirchen eine wirksame Vorreiterrolle übernehmen.

Die im Positivszenario aufgeführten Fallbeispiele und Daten bis einschließlich zum Jahr 2017 basieren auf Fakten, die fast sämtlich dem Vierten Bericht der Bundesregierung über die Umsetzung des Aktionsplans „Zivile Krisenprävention, Konfliktlösung und Friedenskonsolidierung" oder aber dem Leitbild „Krisen verhindern, Konflikte bewältigen, Frieden fördern" entnommen sind". [122] So sind hier also keine Auflagen an die Bundesregierung vorgesehen, die nicht in Übereinstimmung mit eigenen Anliegen in der Regierung korrespondieren

Denn die Arbeitsgruppe geht bei ihrer Handlungsanweisung von Verlautbarungen, Absichten und Zielrichtungen aus, die bereits schon von Regierungen, von der NATO oder von Politikern verlautbart wurden. So z.B. (wie schon einmal erwähnt):

2017: Verteidigungsministerin von der Leyen wirbt für zivile Sicherheitspolitik[123] . Darin:

„*Verteidigungsministerin von der Leyen wirbt für die Stärkung ziviler Pfeiler in der europäischen Sicherheits- und Verteidigungspolitik. Sowohl die Diplomatie als auch die Unterstützung der wirtschaftlichen Entwicklung der Nachbarländer der EU sollen zukünftig gestärkt wer-*

---

122 7 Vgl. Die Bundesregierung (2017) und Die Bundesregierung (2014).
123 Das tat die Verteidigungsministerin von der Leyen verbal in der ARD-Sendung „Anne Will" am 22.01.2017.

den. Und so reflektiert das Szenario weiter in die Zukunft:

2025: Bundestagsbeschluss zum Umstieg Deutschlands zu einer zivilen Sicherheitspolitik

Das Szenario für eine nachhaltige zivile Sicherheitspolitik Deutschlands findet auf dem ökumenischen Kirchentag in Bonn breite Unterstützung und beherrscht die bundesweite Berichterstattung. Spitzenpolitiker*innen fast sämtlicher Parteien öffnen sich für das Konzept und sichern eine schrittweise Umsetzung nach der anstehenden Bundestagswahl zu. In einer historischen Sitzung beschließt der neu gewählte Deutsche Bundestag mit breiter Mehrheit den Umstieg Deutschlands von einer militärischen zu einer nachhaltigen zivilen Sicherheitspolitik auf der Basis dieser fünf Säulen

1. Gerechte Außenbeziehungen Gestaltung ökologisch, sozial und wirtschaftlich gerechter Außenbeziehungen),
2. Nachhaltige Entwicklung der EU-Anrainerstaaten (Förderung wirtschaftlicher Perspektiven und staatlicher Sicherheit östlich und südlich der EU),
3. Teilhabe an der Internationalen Sicherheitsarchitektur (Deutschland als Mitglied der EU, der OSZE, der NATO und der UNO),
4. Resiliente Demokratie sowie
5. Konversion der Bundeswehr und der Rüstungsindustrie.

Dazu heißt es:

Im Zuge der Konversion der Bundeswehr übernimmt das Internationale Technische Hilfswerk (ITHW) erste zivil nutzbare Ausrüstungen für verstärkte künftige zivile Einsätze der weltweiten medizinischen und technischen Katastrophenhilfe.

Rüstungsbetriebe entwickeln und bauen das vom ITHW benötigte Equipment und beginnen auf diese Weise die Konversion zur Produktion ziviler Produkte.

Aber auch auf der Bühne der Münchner Sicherheitskonferenz sollen dann neue Töne zu hören sein:

„Die Münchner Sicherheitskonferenz und die Bundesakademie für Sicherheitspolitik richten ihre Programme ab sofort durchgängig am

Bundestagsbeschluss von 2025 aus, d.h. an der beabsichtigten rein zivilen Sicherheitspolitik. Dazu haben insbesondere auch die Projektgruppe „Münchner Sicherheitskonferenz verändern" sowie die bundesweite Kampagne für eine zivile Sicherheitspolitik beigetragen."

Bis 2037 wird dann bei Befolgung des Szenarios erwartet:
„Beim NATO-Gipfeltreffen akzeptierten die Bündnispartner den zukünftig rein zivilen Beitrag Deutschlands zur Friedenssicherung innerhalb des NATO-Bündnisses.

Die letzten deutschen Rüstungsbetriebe stellen ihre Produktion auf die zivil-technische Ausrüstung des Internationalen Technischen Hilfswerks um."

Und bis 2040 soll dann erreicht sein:
2040: Vollständige Konversion der Bundeswehr
„Das bisherige Bundesministerium für Verteidigung wird zum Ministerium für Zivile Krisenprävention. Die Bundeswehr übergibt ihre letzten Einrichtungen und Ausrüstungsgegenstände an das Internationale Technische Hilfswerk. Deutschland hat seine Sicherheitspolitik komplett auf nachhaltige zivile Sicherheitspolitik umgestellt."
Diese Umgestaltung des Verteidigungsministeriums zum Krisenpräventionsministerium wäre dann die letzte ehrliche und friedenserhaltende „Beratung" diesmal durch das Positivszenario der Verteidigungsministerin.

Aber das Szenario bleibt nicht blind gegenüber den Umwelt- und Ungerechtigkeitseinflüssen – die behoben werden müssen, soll der Feride erhalten werden:
„Deutschland, Österreich, Schweden und die Niederlande praktizieren ökologisch, sozial und wirtschaftlich gerechte Außenbeziehungen mit ausgeglichener Außenhandelsbilanz, erhöhen stetig den Anteil des zertifizierten Fairen Handels, praktizieren einen Lebens- und Wirtschaftsstil, der die ökologischen Ressourcen der Erde nur noch entsprechend ihres Bevölkerungsanteils in Anspruch nimmt setzen ihre im Klimaabkommen von Paris 2015 zugesicherten Klimaziele konsequent um, investieren in Kooperation mit ihren europäischen Partnern weltweit in die Beseitigung von Hunger, Elend und Krankheiten. Mit

4 Mrd. Euro jährlich ist Deutschland der größte Beitragszahler des UN-Welternährungsprogramms." Und:

„Die Staaten Afrikas, des Nahen Ostens sowie Osteuropas bilden einen stabilen Friedensgürtel in der Nachbarschaft der EU."

Überblick 2040" dieses Positivszenario

Damit kann ein „Überblick 2040" dieses Positivszenarios gegeben werden:
- „Der Mythos der Wirksamkeit von Gewalt" ist überwunden.
- Die Bundeswehr hat ihre letzten Einrichtungen an das (Internationale) Technische Hilfswerk übergeben.
- Aus Deutschland, Österreich, Schweden und den Niederlanden werden keine Waffen mehr exportiert.
- Die Konversion von der Rüstungs- zur zivilen Produktion ist sozialverträglich gestaltet worden."

Als Fazit dieser Szenarioüberlegungen kann man Laotse zitieren mit dem Ausspruch:
„Das Wesentliche ist es doch, dass wir alle zusammen erst einmal Menschen sind. Alle einmal von einer Mutter geboren, an ihrer Brust ernährt, mit ihr gelacht und gesungen haben. Also lasst uns zusammen die kulturelle Menschheit gestalten.
Damit es Frieden in der Welt gibt, müssen die Völker in Frieden leben. Damit es Friede zwischen den Völkern gibt, dürfen sich die Städte nicht gegeneinander erheben. Damit es Friede in den Städten gibt, müssen sich die Nachbarn verstehen. Damit es Friede zwischen den Nachbarn gibt, muss im eigenen Haus Frieden herrschen. Damit im Haus Friede herrscht, muss man ihn im eignen Herzen finden. Laotse

VIII. Anhang

Bernd Winkelmann, 31.5. 2019
Akademie Solidarische Ökonomie
Ein Zwischenruf

Das Diktat einer drohenden Umweltkatastrophe
Wir brauchen eine radikale Änderung unserer Wirtschafts- und Lebensweise -

Worum es geht

1. „Wenn die Alten taub sind und blind, werden die Kinder schreien und ihnen die Augen öffnen!"
(„Des Kaisers neue Kleider", Bibel Ps. 8,3).

Genau das geschieht in dieser Zeit: Greta Thunberg hat mit ihrem Schülerstreik #fridaysforfuture eine Bewegung ausgelöst, in der tausende Kinder und Jugendliche gegen eine halbherzige Umweltpolitik protestieren.

In Folge sind tausende Wissenschaftler als Scientistsforfuture aus ihrer Zurückhaltung ausgestiegen und bestätigen, dass es keine lebenswerte Zukunft auf unserer Erde gibt, wenn wir nicht jetzt eine radikale Änderung unserer Wirtschafts- und Lebensweise einleiten.[124] Die gravierendsten Symptome einer drohenden ökologischen Katastrophe sind:

Der Klimawandel: Um den Temperaturanstieg auf 1,5 Grad zu begrenzen, müsste der weltweite CO_2-Ausstoß jährlich um 6% reduziert werden. Doch er steigt jährlich um 3%. Bleibt es bei dieser Entwicklung, könnte die Erdtemperatur am Ende des Jahrhunderts um 3-4 Grad gestiegen sein.[125] Um das zu verhindern, bleibt uns für unser Handeln ein Zeitfenster von ca. 10-15 Jahren.[126]

Das Artensterben: Seit 1970 ging die Zahl der wildlebenden Wirbeltiere weltweit um ca. 60% Prozent zurück. Besonders gravierend ist das

---

124 Pressekonferenz der Initiative Scientists for Future https://www.scientists4future.org/presse/

125 2 Jürgen Tallig: https://earthattack-talligsklimablog.jmdofree.co/
126 3 Weltklima-Sonderbericht: https://www.de-ipcc.de/256.php

Insektensterben; der Schwund der Insektenbiomasse liegt zwischen 40 und 80%. Damit verliert das Biosystem unserer Erde das wohl wichtigste Standbein seiner Stabilität und Fruchtbarkeit. Hauptverursacher ist die Chemisierung der Landwirtschaft.[127]

Hinzu kommt der Verlust an Wäldern, an Ackerland, an Trinkwasserressourcen und unwiederbringlichen Bodenschätzen, die Versauerung und Vermüllung der Meere, das weitere Bevölkerungswachstum.

Nach Erkenntnissen der Evolutionswissenschaften hat es eine so schnelle und umfangreiche Beschädigung unseres Erdsystems nur bei großen Asteroideneinschlägen gegeben, zuletzt beim Aussterben der Dinosaurier vor 65 Mil. Jahren.

Hinter diesen Symptomen steht das viel umfassendere Problem: Die generelle Überlastung des Ökosystems durch uns Menschen. Sie wird deutlich am Ökologischen Fußabdruck, der die Belastungsgrenze unseres Erdsystems ausweist. Er liegt weltweit um etwa das 1,7-fache, in Deutschland um das 3-4-fache über dem für unsere Erde verträglichen Maß. Diese Überlastung unseres Ökosystems kommt aus dem entgrenzten Wachstum in der Bewirtschaftung unserer Erde. Das schafft uns in den entwickelten Industrienationen einen nie dagewesenen Überfluss an materiellen Gütern, mit dem wir aber nicht nur das Ökosystem empfindlich überlasten, sondern auch die Lebensmöglichkeiten unserer Kinder und Enkel berauben.

Der Wirtschafts- und Sozialwissenschaftler Kenneth E. Boulding, USA, stellt fest: „Jeder, der glaubt, dass exponentielles Wachstum für immer weitergehen kann in einer endlichen Welt, ist entweder ein Verrückter oder ein Ökonom."

Damit verbunden ist eine weitere Irrsinnigkeit unserer Zivilisation: die ausbeuterischen Bereicherungswirtschaft der Mächtigen:

Der Wohlstand der reichen Industrieländer ist nur zu 50-60% durch eigene Leistung erarbeitet, ansonsten durch die Ausbeutung der Natur und anderer Völker. So ist das Vermögen der Milliardäre im Jahr 2018

---

127 4 UN-Bericht zum Artensterben 2019; www.bund-rvos.de/artensterben; www.nabu.de/news/2017/10/23291.html;

um 12% gestiegen, während das Vermögen der unteren Hälfte der Weltbevölkerung um 11% gesunken ist. Die 26 reichsten Menschen der Welt verfügen über so viel Nettovermögen wie die arme Hälfte der Weltbevölkerung.[128]

Deutlich ist: unser Wirtschaftssystem hat zwar nie dagewesene Reichtümer geschaffen, aber mit dieser Bereicherung hat es in eine noch nie dagewesen Krise der menschlichen Zivilisation geführt.

Bleibt es bei dieser Entwicklung, kommt es in den nächsten Jahrzehnten mit den ökologischen Verwerfungen auch zu schweren sozialen und politischen Verwerfungen, zu Hungeraufständen, zu Massenmigrationen[129], zu Rohstoffkriegen, zu weltweiten Zusammenbrüchen (H. Lesch „Die Menschheit schafft sich ab")

Immer mehr setzte sich die Erkenntnis durch, dass die Ursachenfrage zur Systemfrage wird. Das heißt: Wir können die Fehlentwicklung unsere Gesellschaft nur überwinden, wenn wir „radikal", also von den Wurzeln (radix), den zerstörerischen Ursachen her das vorherrschende System hinterfragen - so wie es Greta Thunberg in Kattowitz tat. Graeme Maxton, ehemaliger Generalsekretär des Club of Rome stellt fest: „aus dem gegenwärtigen System ist es nicht möglich, eine nachhaltige Wirtschaft zu entwickeln... Die Zielrichtung muss systemisch verändert werden."[130] Der Klimaforscher Hans Joachim Schellnhuber stellt fest: „Wir müssen unsere Zivilisation neu erfinden."[131]

Die Systemfrage stellen heißt, herausfinden,

1. was in unserer Wirtschaftsweise systemisch zu deren Fehlentwicklungen führt,

2. was im System umgebaut werden muss, damit diese Fehlentwicklungen überwunden werden. Die Systemfrage muss auf der mentalen und strukturellen Ebene gestellt werden.

Die Ursachen auf mentaler Ebene liegen in einem einseitigen materi-

---

128 5 Oxfam-Bericht 2019 siehe z.B. https://www.wsws.org/de/articles/2019/01/23/pers-j23.html
129 Wogegen die heutigen Flüchtlinge nur der marginale Voraustrupp einer dann einsetzenden Flut sind
130 6 https://www.riffreporter.de/klimasocial/schulzki-haddouti-graeme-maxton-change-klimakrise/
131 7 https://www.deutschlandfunk.de/klimaforscher-schellnhuber-wir-muessen-unsere-zivilisation.697.de.html

alistischen Verständnis von Leben:

gutes Leben wird mit viel Haben verwechselt (Erich Fromm): Besitz-
standswahrung, immerwährendes Wachstum und Wohlstandsmehrung,
Sich-immer-mehr-leisten-können gelten als höchste Güter, obwohl die
meisten Menschen wissen, dass sie davon nicht glücklich werden, sondern Werte wie Vertrauen, Wertschätzungen, Empathie und Gemeinschaft viel wichtiger sind (Gerald Hüther).

Die Ursachen auf struktureller Ebene liegen in den Leitprinzipien der
kapitalistischen Wirtschaftsweise:

Wirtschaft habe in erste Linie der Mehrung von Kapital in Privatver-
fügung zu dienen. Aus Kapital muss mehr Kapital werden, das wieder
gewinnträchtig angelegt werden muss – angefeuert vom Profitstreben und
Konkurrenzdruck. Darum muss Wirtschaft fort während wachsen. Im kapitalistischen Wirtschaftsprinzip liegt somit der systemische Hauptantrieb für
den Wachstumszwang unseres Wirtschaftssystems und damit für das Über-
schreiten des ökologischen Fußabdrucks und die Ausbeutung der Völker.

Der Philosoph Richard David Precht stellt fest: Der „Kapitalismus",
der immer „wachsen muss", „wird wohl in diesem Jahrhundert die Erde
weitgehend unbewohnbar machen."[132]

Der Befreiungstheologe Leonardo Boff mahnt immer wieder: Erst
wenn wir den Kapitalismus als Schlüsselursache für unsere zivilisatorische Krise erkennen, können wir diese Krise bewältigen.[133]

Die Elite in Wissenschaft, Kultur, Religionen und Zivilgesellschaft sollten endlich den Mut haben, das Kind beim Namen zu nennen, d.h.
die kapitalistische Wirtschaftsweise als Fehlkonstruktion (Krebsschaden)
unserer Gesellschaft zu entlarven.

Wir brauchen tatsächlich eine „Neuerfindung unserer Zivilisation",
eine radikale Änderung unserer Zielvorstellungen, unserer Lebensweise
und ökonomischen Ordnungsstrukturen.

Ziel allen Wirtschaftens kann nicht der höchstmögliche Profit in Pri-
vatverfügung der Wenigen sein, sondern die Erstellung nützlicher Produkte, Dienstleistungen und sinnvoller Arbeitsplätze – dies in unbeding-
ter Bewahrung unseres Ökosystems, in gerechter Teilhabe aller, in der
Entwicklung eines zukunftsfähigen Gemeinwesens.

---

132 In „Jäger, Hirten, Kritiker" S. 248
133 Z.B. in „Zukunft für die Mutter Erde" 2012

Vor allem muss die Wachstumsökonomie in eine Gleichgewichtsökonomie transformiert werden, in der sich unser Wirtschaften auf unter 100% der ökologischen Belastungsgrenze einpendelt. Das geht nicht ohne eine zwischenzeitliche Schrumpfungsökonomie, eine Verringerung des Material- und Energiedurchsatzes auf allen Gebieten.[134] Das geht nicht ohne eine Entschleunigung der wirtschaftlich-technologischen Entwicklung. Und das geht wiederum nicht ohne Verzichte auf Bequemlichkeiten und Wohlstandsprivilegien, die durch die Ausplünderung der Natur und durch Ausbeutung anderer Völker zustande kommen und uns zudem innerlich verarmen lassen. Das wird an einigen Punkten wehtun, aber nur so zu einem erfüllterem Leben befreien und Zukunft ermöglichen.

Was konkret geschehen muss

1. Notwendige Reformschritte im System der Sozialen Marktwirtschaft

1. Verabschiedung vom Irrglauben ständigen wirtschaftlichen Wachstums
2. Primat der Politik gegenüber der Wirtschaft durchsetzen
3. Machtbegrenzung und hohe Besteuerung der Weltkonzerne; Finanztransaktionssteuer u.ä.
4. Aufgabe schädlicher Subventionen, z.B. der Kohle- und Atomindustrie, des Flugbenzins u.a.
5. Umstieg auf Kreislaufwirtschaft, Durchsetzung des Verursacherprinzips
6. Durchsetzung von konsequenten Ökosteuern, z.B. CO2-Steuer, Plastiksteuer u.ä.
7. Schnellstmöglicher Umstieg auf regenerative Energie, drastische Senkung des Energieverbrauchs
8. Umstieg und konsequente Förderung der biologischen Landwirtschaft
9. Ausbau der öffentlichen Verkehrsmittel
10. Entprivatisierung der Öffentlichen Güter

---

134 Ulrich v. Weizsäcker in „Wir sind dran. Club of Rome: Der große Bericht...“

2. Handlungsmöglichkeiten der Einzelnen:

1. Das eigene materielle Verbrauchen von Ressourcen und Gütern so gering wie möglich halten
2. Wo möglich, gemeinsames Nutzen, reparieren statt neu kaufen und alles für sich haben wollen
3. Drastisches Reduzieren oder Vermeiden von Flugreisen
4. Umstieg auf die kleinsten PKWs, Elektroauto, Fahrrad, Bahn und öffentlichen Nahverkehr
5. Möglichst biologische Nahrungsmittel, fleischreduzierte Ernährung
6. Kritischer Einkauf von Textilien und im Ausland produzierten Gütern (Herstellung, Fairer Handel)
7. Unterstützen von Initiativen, Gruppen und Parteien, die in dieser Richtung wirken.

Merke: In alldem müssen wir nicht perfekt sein. Die Änderung der Sichtweise, die Anfänge und kleinen Schritte sind entscheidend für eine andere Politik und zivilisatorische Wende.

3. Entwicklung einer Postkapitalistischen Ökonomie

Die Änderungen im bisherigen System und in der Lebensweise der Bürger werden allein die systemischen Fehleinstellungen unserer Wirtschaftsweise nicht überwinden. Nötig ist vielmehr, das Wirtschaftprinzip ständiger Kapitalakkumulation hinter sich zu lassen und die kapitalistischen Abschöpfungs-, Bereicherungs- und Externalisierungsmechanismen aus den Wirtschaftsabläufen herauszunehmen und durch nachhaltige, solidarisch-kooperative Wirtschaftsstrukturen zu ersetzen.

Die wichtigsten Systemveränderungen wären in etwa:

1. eine neue Finanzordnung, Abschaffung des Kapitalzins und der spekulativen Geldgeschäfte; das Bankensystem als reine Dienstleistung in öffentlicher Hand, in dem keine Gewinne erzielt werden;
2. eine Eigentumsordnung, in der Eigentum zum eigenen Lebensunterhalt aber nicht mehr zur leistungslosen Abschöpfung fremder Leistung genutzt werden kann (z.B. Wuchermieten); in die Grund und Boden wieder in Gemeineigentum übergehen;
3. eine partizipatorische Unternehmensverfassung, in der ökologische,

soziale und gemeinwohlorientierte Kennzahlen in die Bilanzrechnung der Unternehmen eingeführt und eine demokratische Teilhabe aller am Unternehmen Beteiligten realisiert wird;

4. ein leistungsgerechtes und solidarisches Lohnsystem, in dem die Entlohnung aller nach Tarifen in einer Spreizung von maximal bis zu 1:10 gezahlt und Mindestlöhne gewährt werden;

5. eine neue Arbeitskultur, in der die schwindenden Arbeitsplätze durch Absenken der Regelarbeitszeit so geteilt werden, dass jeder Arbeitsfähige Erwerbsarbeit findet und neben der Erwerbsarbeit Eigenarbeit und Gemeinwohlarbeit als gleichwertig gelten und gelebt werden können.

Auf dem Weg dorthin gibt es schon heute eine Fülle von theoretischen Entwürfen, von praktizierten Modellen und Bewegungen. Die Akademie Solidarische Ökonomie hat in ihren Büchern und Bausteinen den Entwurf einer postkapitalistischen Ökonomie skizziert. Die Degrowth-Bewegung, die Postwachstumsgesellschaft Jena, die Initiative Neue Ökonomie, die Gemeinwohlbewegung, die Potenzialentfaltungsakademie und viele weitere neue kulturelle Bewegungen sind eine Fundgrube zukunftsweisender Potenziale.

Die drohende Umweltkatastrophe und die kommenden Migrationsströme geben uns nur noch eine kurze Zeit, den Systemwechsel einzuleiten. „Wer zu spät kommt, den bestraft das Leben (Gorbatschow).

bernd-winkelmann@web.de // www.winkelmann-adelsborn.de // www.akademie-solidarische-oekonomie.de
Auch zum Weitergeben gedacht!

IX. Epilog im Himmel

Da kommen die Engel jubilierend zu Gott und verkünden ihr:

„Gott, Mutter, hör' Dir das an, da ist jetzt ein ganzer Chor
von tausenden Menschen
auf der Erde zusammengekommen aus vielen Nationen. Die bitten um
Deine Unterstützung
für ihr Vorhaben endlich
die Menschheit und ihre Kultur auf diesem Planeten
retten und erhalten zu wollen
und sie singen:
>dona nobis paem<
Doona noobis paaacem<[135].
Gott lauscht und sagt dann:
„Sehr schön, aber da fehlt noch etwas an dem Chor,
er ist nicht vollständig"
Die Engel:
Nicht vollständig,
was oder wer soll denn bei Tausend Chormitgliedern noch fehlen?"
Gott:
„Es fehlt noch eine Stimme!"
Engel:
„Eine Stimme, bei tausend Sängern?"
Gott:
„Ja, eine Stimme fehlt!"

Was könnte die göttliche Äußerung wohl bedeuten?
„Ganz einfach:
Deine Stimme fehlt noch!!!"

---

135 dtsch.: „Gib' uns Frieden!"

Weitere Veröffentlichungen

Gebeugter Rücken, aufrechter Gang

208 Seiten Paperback

ISBN 978-3-86912-136-9

Preis: 13,50 Euro

In dem vorliegendem Büchlein setzt sich der Autor mit der Entwicklung, den Voraussetzungen und den Folgen des Prozesses, der als „friedliche Revolution" in Deutschland betrachteten Ereignisse am Ende der 80er Jahre auseinander. Er prüft, inwieweit äußere Ereignisse und Entwicklungen – insbesondere aus den Gebieten von Dichtern und Wissenschaftlern – förderlich oder gar auslösend waren für die Veränderung des Verhaltens und den Mut der Deutschen in der DDR, sich gegen bevormundende und gängelnde, ja unmenschlich anmutende Reaktionen der „Diktatur des Proletariates", aufzulehnen und Veränderungen einzufordern. Aus der eigenen Teilhabe an diesem Wendegeschehen zeigt der Autor auf, welch scheinbar unüberwindbare Hindernisse und Ängste vor der Staatsgewalt bei den Aufbrechenden und später Demonstrierenden zu überwinden waren.

Schließlich fragt der Autor, welch bleibenden Erfahrungen und hilfreichen Erkenntnisse aus der ersten friedlichen Revolution in Deutschland erinnert, aufbewahrt, behütet und immer wieder auch in Kraft gesetzt werden sollten, um gegenwärtige und künftige soziale, ökologische und demokratische Verhältnisse zu erhalten, zu bewahren und zu korrigieren.

Gegen den oft vorgebrachten Einwand, diese Wende in der DDR hätten nicht die friedlich Demonstrierenden geleistet, sondern allein der Sinneswandel in der sowjetischen Führung unter Michael Gorbatschow, gestatte sich der Autor ein klares Bekenntnis zu der notwendigen Teilnahme und Ausführungsqualitäten der demonstrierenden Bevölkerung in der DDR.

Weitere Veröffentlichungen

Jetzt müssen wir laut aufschreien!

150 Seiten Paperback

ISBN 978-3-86912-158-1

Preis: 14,50 Euro

Der Autor geht der Frage nach, welche gesellschaftlichen Kräfte heute in der Lage sind, einen kulturellen, d.h. sozialen und wirtschaftlichen Entwicklungsweg, der in eine klimatische, ökonomische und kriegerische Katastrophe führen könnte, noch zu stoppen. Sein Blick richtet sich dabei auf die Realität von Kirche(n), deren Bedeutung und Wahrnehmung von Verantwortung. Es geht ihm in diesem Prozess um eine zu befürchtende Abwärtsentwicklung unserer Kulturleistungen auf einem evtl. nicht mehr lebensfähigen Planeten Erde. Was müsste von Verantwortlichen in Kirche und Gesellschaft erkannt, analysiert und zur Umkehr mahnend beschworen werden, um einem Chaos menschlicher Entwicklung auszuweichen. Er bezieht sich aus dem Grunde auf die christlichen Kirchen - ohne die Verantwortung anderer Religionen abzuwerten - weil er in der prophetischen Ambitionen aus alttestamentlicher Zeit - Ziele, Angebote und Verantwortlichkeiten aufklingen hört, die dem Zweck dienen könnten, einem Chaosweg der menschlichen Zivilisation (in Kriegen, durch Ressoursenaubbau, Vermüllung und aufgrund ökologischem Desaster) auszuweichen.

In einem 2. Teil versucht der Autor, aus einer friedenslogischen Position heraus Motivationen zu generieren, die es zunehmend gestatten, friedenspolitischen Lösungen mit Überzeugung anzunehmen, um jegliche Kriege und Gewaltanwendungen aus der Welt zu schaffen. Der Autor ist zuversichtlich, dass wir „Frieden können."

Inhaltsverzeichnis